ワインを楽しむ

人気ソムリエが教えるワインセレクト法

ワインディレクター／ソムリエ
田邉公一

マイナビ

はじめに〜ワイン選びでもう失敗したくないあなたへ

私がソムリエの資格を取得してから20年の歳月が経ちました。

長年この業界に身を置いてきたことでわかることは、日本において食の多様化が急速に進み、それとともに世界中のワインがより身近な存在として認知され、料理とワインを一緒に楽しむ文化が、定着しつつあるということです。

ただその反面、ワインは難しいもの、知らないと手が出せないものというイメージを持っている方も少なからずいらっしゃることも事実。

私自身、当初は難しいと感じていたワインの世界ですが、知れば知るほど楽しみは増え、ワインを通してひとつひとつ経験を積み重ねていくうちに、仕事の枠を超え、お酒という概念をも超えて、人生の楽しみはどんどん増してきています。

大袈裟かもしれませんが、ワインを少しだけ深く知ろうと決意し、実際に行動を起こしたときから、人生は変わり始めていました。このことは、きっと多くのワインラヴァーの皆様が納得してくださると思いますし、私自身がまぎれもなくそれを実感しています。

食事は毎日するものですが、そこには飲み物が必要不可欠です。

「飲食」という言葉が表すように、食べるときに欠くことができないものが飲み物。その中でも特に、ワインは世界中のあらゆる食材、料理と密接な関係があり、ともに築き上げられてきた文化そのものと言えます。

「ワインを楽しむ」ことは食事の時間をもっと楽しむことにつながり、人とのつながり

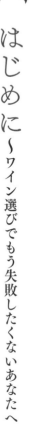

が生まれ、新しい出会い、発見へとつながっていく。この「つながり」を生む力を持っていることもワインの大きな魅力のひとつです。

本書は、ワインを覚えるためだけではなく「楽しむ」ためのあらゆる術を知っていただくために誕生しました。ワインをもっと楽しむために必要なエッセンスがたっぷりと詰まっています。

飲む前からつい考えすぎてしまって距離を置いてしまったり、知識がないと手を出したらいけない領域なのではないかと敬遠したり、これまでに多くの方々からそのような話も伺ってきました。しかし、この本にはそういった悩みをすべて解決するためのポイントが記されています。

ワインの選び方とともに、これだけは知っておきたい基礎知識もわかりやすく解説しながら、安心して購入できるコストパフォーマンスの高いワインもご紹介。さらには、テイスティングのノウハウ、料理とワインのペアリングのコツなど、数百円のワインから芸術品とも呼べるものまで、あらゆるシチュエーションでのワインの選び方、楽しみ方を網羅しています。

ワインの世界にもう一歩踏み込んでみることで、毎日の食事はもちろん、旅をするときの楽しみも広がり、人生そのものの景色が変わっていく。

本書があなたにとってそのきっかけとなることを心より願っています。

田邉公一

カジュアルにワインを楽しむ

リーズナブルで
おいしいワインが
今、どんどん増えてきています。
もっと気軽にワインを
楽しんでみませんか。

海で街角で
そしておうちで
身近にワインの
ある暮らしを

氷を入れてもよし、エスニック料理に合わせてもよし。もっと自由に、そしてカジュアルにワインを楽しむ時代です。

Contents

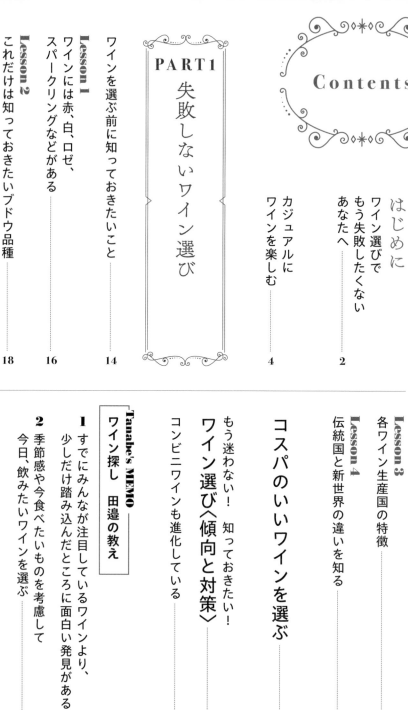

PART 2 おうちワインの「格」を上げる方法

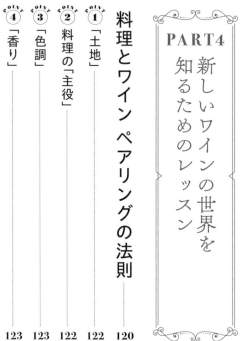

料理とワインの合わせ方

「ブラインドテイスティング」

注意事項
＊情報はすべて2023年11月末現在のものです。
＊テイスティングコメントについては個人の感想です。
＊本文中には™、©、®などのマークは明記しておりません。
＊本書に掲載されている会社名、製品名は、各社の登録商標または商標です。
＊本書によって生じたいかなる損害につきましても、著者並びに㈱マイナビ出版は責任を追い兼ねますのであらかじめご了承ください。

STAFF
カバーデザイン　渡邊民人（TYPEFACE）
デザイン・DTP　相原真理子
イラスト　ふるうむでざいん 和田美紀子
写真協力　PIXTA
写真撮影　福田諭、田邉公一
編集制作　バブーン株式会社（矢作美和、茂木理佳、千葉琴莉、相澤美沙音）

田邉公一

株式会社WS代表取締役・ワインディレクター。

ソムリエ歴20年、講師歴15年を越える。レストランやワインショップ、スクールを中心に、都内外の複数の企業のワイン、飲料の監修やセミナー講師を務める。また、国内外の様々なワイナリーや酒蔵を巡りながら、SNSや各種メディア、イベント等での情報発信も積極的に行っている。ワインスクール「レコール・デュ・ヴァン」講師。

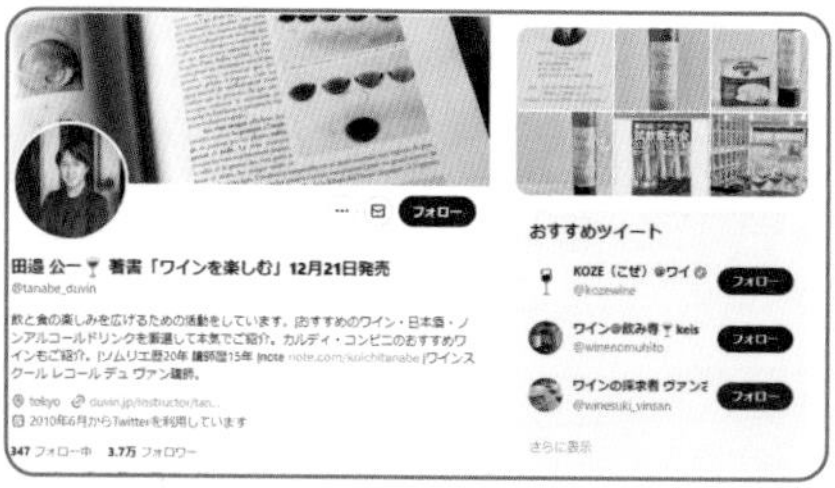

X

http://twitter.com/#!/tanabe_duvin
コンビニエンスストアやカルディなどのおすすめワインの紹介など、見てすぐに役立つ情報を発信。

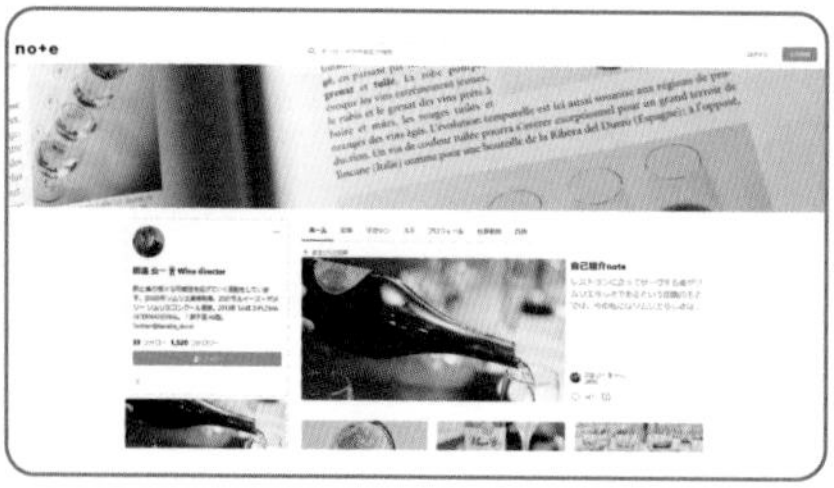

note

https://note.com/koichitanabe
食とワインにまつわる記事を発信。毎月配信の「3500円以下のおすすめワイン」は大人気企画。その他、旅行記やソムリエ・ワインエキスパート、SAKE DIPROMA試験に関する記事も。

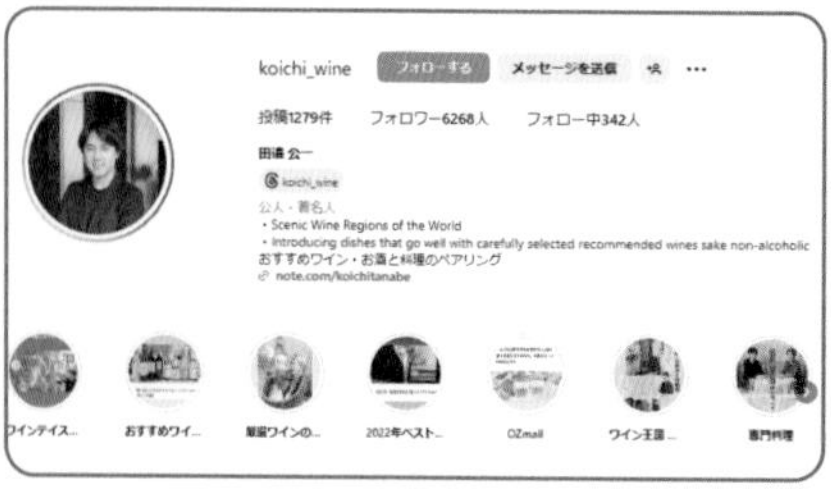

Instagram

https://www.instagram.com/koichi_wine/
おすすめワインの紹介や日々の活動について配信。執筆した記事の告知やイベントにまつわる情報の発信も。

PART 1

失敗しない ワイン選び

星の数ほどあるワインの中で
どうやったらコスパがよくておいしいワインを
選ぶことができるか、そのコツをお教えします！

ワインを選ぶ前に知っておきたいこと

たくさんのワインの中から「これ!」という1本を選ぶのは
ワインビギナーにとっては至難の技。
初めてだからこそ知っておきたいコツをご紹介します。

基本を知れば ワイン選びが楽しみに

たくさんあるワインの中からどれを買えばいいのか、皆目見当がつかないという悩み、よくお聞きします。「ラベルが何語なのかわからない」「どのワインがおいしいのか見当もつかない」「何を手掛かりに選んだらいいか、迷子になってしまう」など。安くておいしいワインをセレクトしたいというのは同じだと思うのでその裏技をお教えしましょう。

まずは、面倒でもワインの基本を知ること。ワインにはどんな種類があるか、ブドウの種類、地域の特徴など本当に基本的なことをちょっとだけ勉強しましょう。とはいえ勉強といっても16ページからの基礎知識をざっと読んでいただければ大丈夫です。

そのうえで、安価でもおいしい品種、間違えないブランドなど、ちょっとした裏技をご紹介します。

ブドウを知れば ワインがわかってくる

ワインはブドウに含まれる糖分が発酵してそのままアルコールに変わります。それゆえ、ブドウの味がダイレクトに出やすいため、種類による個性の違いを知っておくと、セレクトのコツがわかってきます。ブドウをほんの少し勉強するだけで、わかることがたくさんありますよ。

初心者こそ知りたい5つのこと

1 赤、白、ロゼ、スパークリングの４つがワインの主なタイプですが、同じ赤でも個性は幅広い。オレンジや貴腐ワインも存在する。

2 シャンパーニュ、カヴァ、プロセッコ。すべてスパークリングワインのこと。

3 ワインはブドウの個性がそのまま表現される。ブドウ品種を知ることがワインを知る近道。

4 ワインの世界には伝統国と新世界があり、それぞれラベル表示の規定が異なる。

5 ちょっとだけワインの用語を知れば、ワインが選びやすくなる。

LESSON 1

ワインには赤、白、ロゼ、スパークリングなどがある

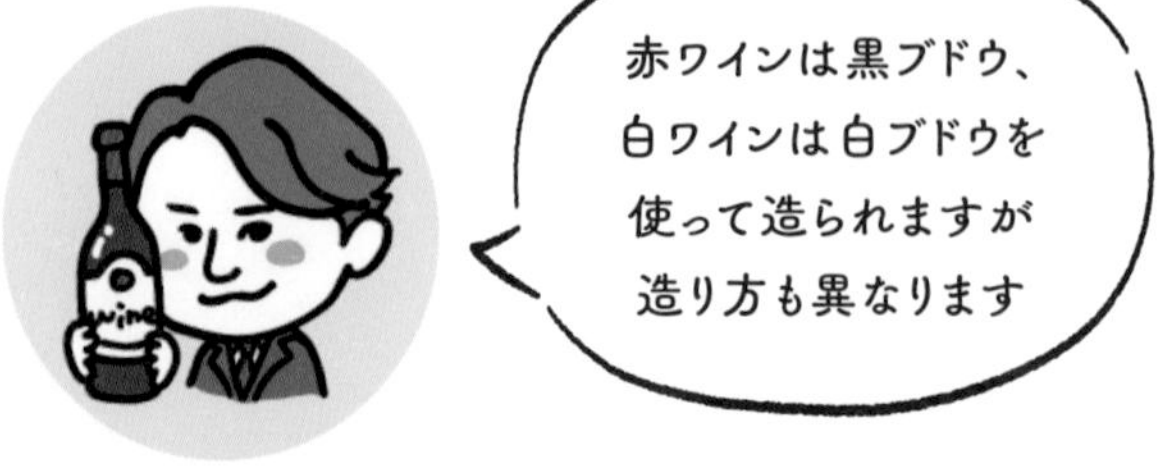
赤ワインは黒ブドウ、
白ワインは白ブドウを
使って造られますが
造り方も異なります

赤・白・ロゼのブドウと造り方

黒ブドウ
赤ワイン
発酵中、果皮や種子などを果汁と漬け込み、色素や渋みを引き出します。
果粒を破砕後、マセラシオン。果汁のみを取り、発酵。
ロゼワイン
黒ブドウを圧搾してから果汁のみを発酵させる方法もあります。
白ブドウ
白ワイン
圧搾後、果皮や種子を取り除き、果汁のみを発酵させます。

主なワインのタイプ

ロゼスパークリングワイン
発泡性のロゼワイン。華やかな見た目はパーティーにぴったり。

ロゼワイン
黒ブドウを原料に、白ワインのように造られます。美しいピンク色が魅力。

オレンジワイン
白ブドウやグリブドウを原料に、赤ワインのように造ります。「アンバーワイン」とも。

スパークリングワイン
炭酸の入った発泡性のあるワイン。「シャンパン」が最も有名。

貴腐ワイン
貴腐ブドウを使って醸造された糖度の高い極甘口のワイン。

白ワイン
白ブドウの果汁のみ発酵させて造られるワイン。さわやかなタイプからまろやかなタイプまであります。

赤ワイン
黒ブドウから造られるワイン。渋みがあるのが特徴です。

造り方やブドウによって味わいは異なる

ワインは「スティルワイン」「スパークリングワイン」「酒精強化ワイン」「フレーヴァードワイン」と大きく4つに分類できます。スティルワインは非発泡性ワインのことで、赤ワイン、白ワイン、ロゼワインなどが当てはまります。スパークリングワインは発泡性ワイン、酒精強化ワインは醸造中に蒸留酒を加えてアルコール分を高めたワイン、フレーヴァードワインはハーブやスパイスなどを加えて風味を添えたワインです。まずは自分の好みの味を見つけてみましょう。

LESSON 2

これだけは知っておきたいブドウ品種

白ワイン用ブドウ　味わい分布図

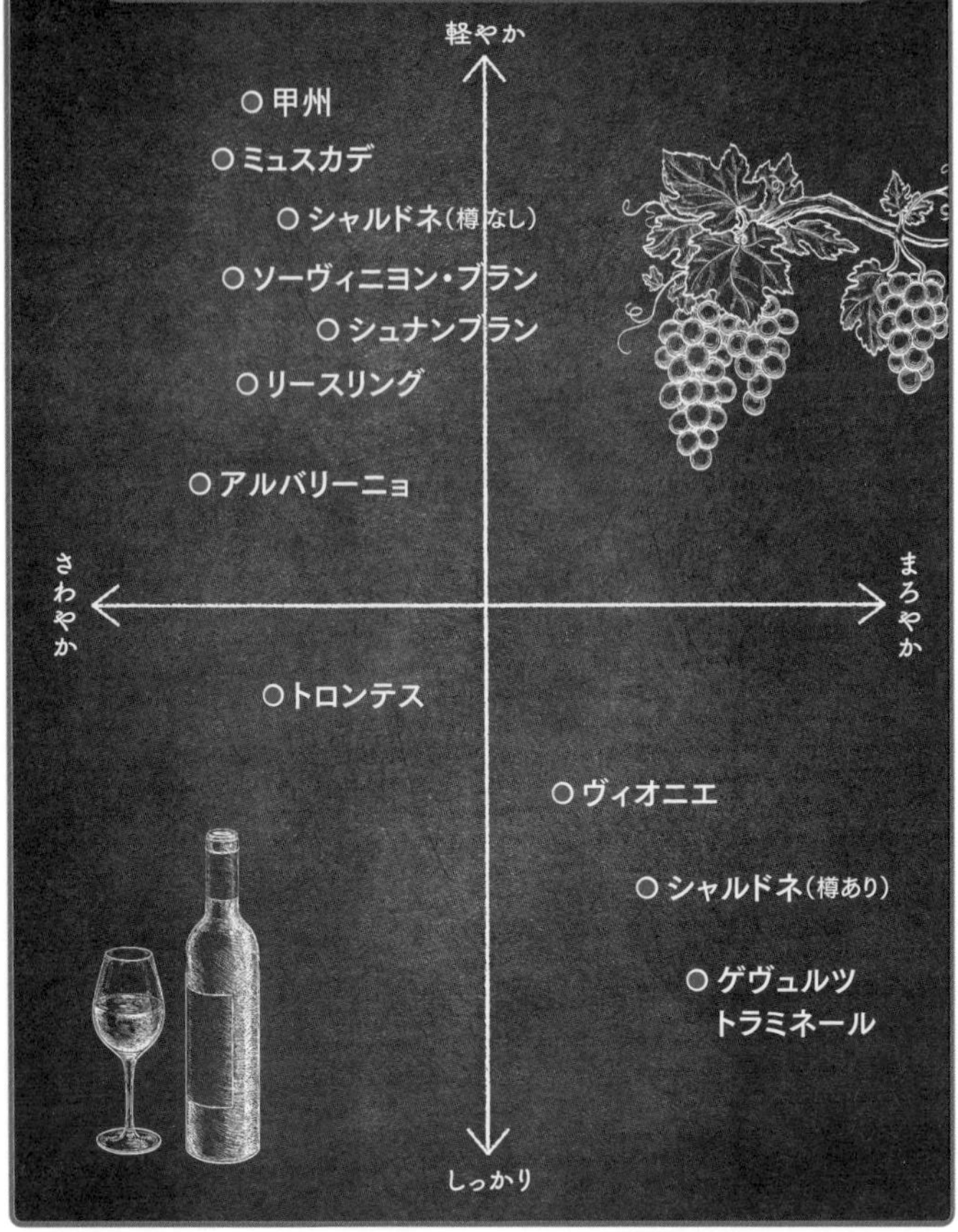

甘味と酸味のバランスが重要

白ワインはタンニンがなく、「さわやか」や「まろやか」かで味わいを表現します。「シャルドネ」は樽で熟成したか否かで香りや味わいが異なります。

白ワインは酸味と甘味のバランスで味わいが変わる

白ワインは基本的に果汁のみで造られます。味わいとしては、甘味と酸味のバランスが重要となってきます。

例えば、コクのあるまろやかな白ワインが飲みたいときは「シャルドネ」や「ヴィオニエ」を、反対に、さわやかなタイプが飲みたいときは「ソーヴィニヨン・ブラン」「リースリング」を選ぶことをおすすめします。タイプによって適切な温度や合う料理も異なります。

主な白ワイン用ブドウ

フレッシュですっきり

ソーヴィニヨン・ブラン

Sauvignon Blanc

ハーブのようなグリーン香が特徴。煙っぽい香りと表現されることも。さわやかな辛口タイプになりやすい。

甘みと酸味の調和が◎

リースリング

Riseling

甘口から辛口までさまざまなタイプがありますが､しっかりした酸味と繊細で高貴な風味は共通しています。

育つ場所で七変化

シャルドネ

Chardonnay

独自の風味は少ない分、造り手や産地の個性を感じやすく、同じシャルドネでも幅広い味わいに。

その他の白ワイン用品種

日本を代表する品種、甲州

「シャルドネ」は樽熟成したものと、していないものとで個性が大きく異なります。

「甲州」は日本を代表する固有品種で、穏やかで上品な味わいが世界でも評価されています。

「ヴィオニエ」から造られるワインは、まろやかさのあるスタイルが主流です。

「アルバリーニョ」はスペインの代表品種で、ヨード香、塩味が特徴で、魚介類との相性も抜群なことから「海のワイン」とも呼ばれています。

「トロンテス」はアルゼンチンを代表する品種で、華やかな香りを持つアロマティックなタイプになります。

赤ワイン用ブドウ　味わい分布図

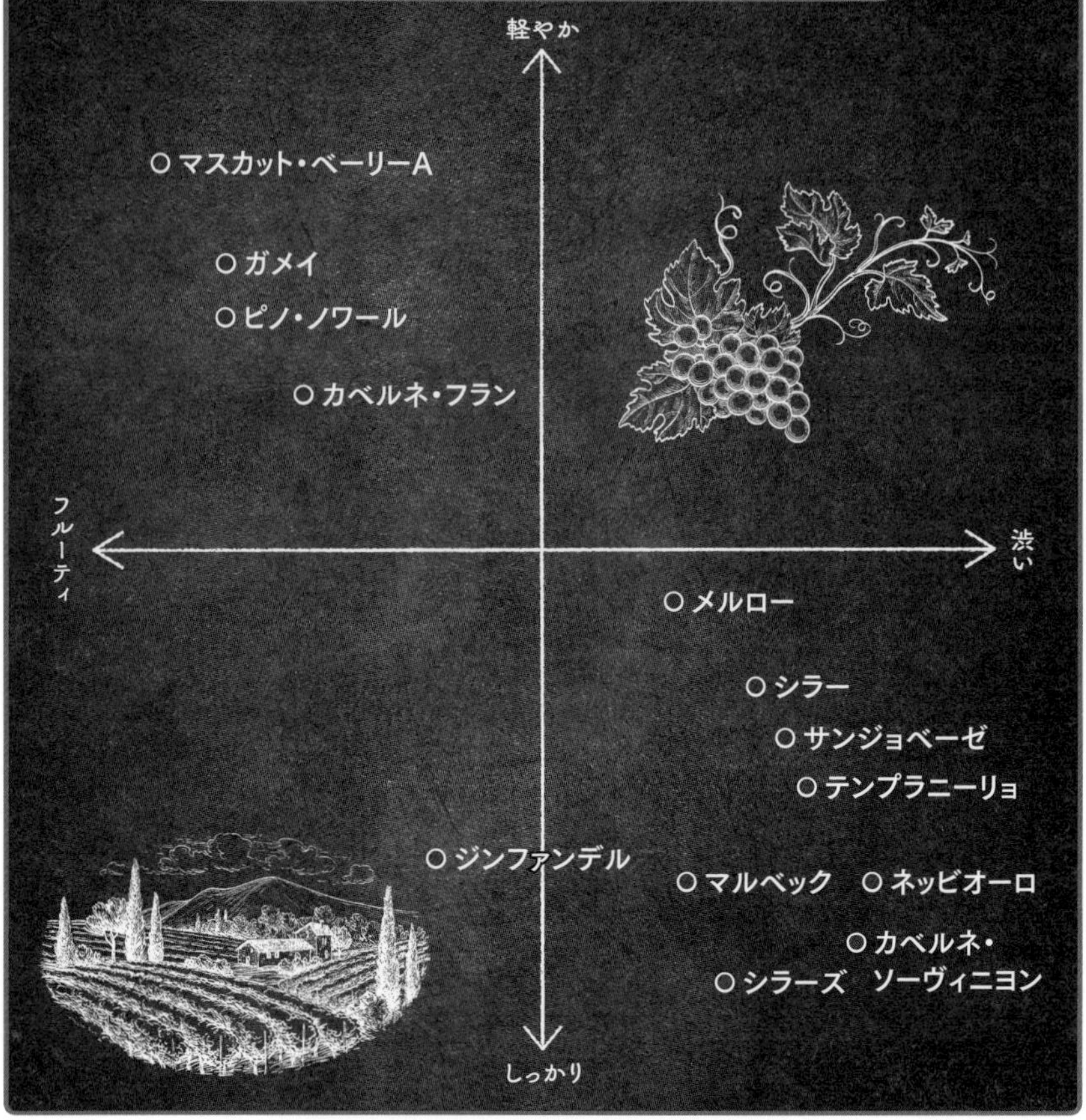

全てが渋みが強いわけではない

ピノ・ノワールは繊細でしなやか、カベルネ・ソーヴィニヨンは渋みがありしっかりとしたスタイル。最も有名な２品種の味わいは大きく異なります。

赤ワインの特徴は白ワインにはない渋み

黒ブドウの果皮には色素であるアントシアニン、種子にはタンニンと呼ばれる渋み成分が含まれています。この果皮と種子によって、赤ワイン特有の個性が生まれます。カベルネ・ソーヴィニヨンは渋みと力強いボディを持つワインになる傾向がありますが、ピノ・ノワールは、渋みは穏やかで口当たりもなめらかな味わいに。チャートを参考に自分の好みの味を探してみましょう。

主な赤ワイン用ブドウ

スパイシーな新進気鋭

シラー／シラーズ

Syrah/Shiraz

飲みごたえのあるスパイシーで濃厚な味わいの赤ワインを造ります。黒こしょうを想わせるフレーヴァーも特徴。

繊細でエレガント

ピノ・ノワール

Pinot Noir

繊細でエレガントな味わい。ほとんどはブレンドせず造られるため、生産地による味わいの違いが明確に出やすい。

果実味とタンニンのバランス

カベルネ・ソーヴィニヨン

Cabernet Sauvignon

世界で最もポピュラーな赤ワイン用の品種のひとつ。しっかりしたタンニンと骨格を持つ赤ワインを造ります。

その他の赤ワイン用品種

メルロー

「メルロー」はカベルネ・ソーヴィニヨンと同じく、国際品種と呼ばれ、世界各国で広く栽培されています。渋みは中程度で、なめらかな口当たりです。

「ガメイ」はより軽やかな味わい。渋みが少なく、イチゴのような甘い果実味が特徴です。

「サンジョベーゼ」はイタリア、「テンプラニーリョ」はスペインの代表品種。その国の料理と合わせてみるとよいマリアージュが楽しめます。

「ジンファンデル」はカリフォルニアの代表品種で、果実味が豊かでほどよい酸味と渋みが感じられます。飲み比べて好みを探してみましょう。

LESSON 3

各ワイン生産国の特徴

アメリカ合衆国

ワイン生産量は世界4位。その80%はカリフォルニア州で生産されており、銘醸地ナパ・ヴァレーは世界的な人気を集める「カルトワイン」の生産地としても知られています。

チリ

コスパの高いデイリーワインが豊富なことで知られており、安ければ500円ほどで買えることも。近年では、市場価格1万円以上のプレミアムワインにも注目が集まっています。

ニュージーランド

1980年代にニュージーランドで造られ始めたソーヴィニヨン・ブランが国際的に高い評価を受けたことで、世界中から注目を浴びます。スクリューキャップの導入など、先進的な技術を取り入れることにも力を入れています。

アルゼンチン

南米ではチリと並ぶ一大ワイン生産地。アルゼンチンの代表品種「マルベック」を使用した、果実味豊かな味わいのワインが多く造られています。白は「トロンテス」が代表品種。

フランス

ワイン造りの長い歴史を持ち、言わずと知れた「ワイン王国」。特にメドックの格付け「第１級」に格付けされた５大シャトーがあることで知られるボルドー地方と、「ロマネコンティ」で知られるブルゴーニュ地方は、まず初めに知らなければいけない産地です。

ドイツ

ワイン産地の中で最北端に位置し、その冷涼な気候を生かして世界一美しいと評される酸味を持つワインを多数産出しています。白ワインが中心で、中でもリースリングは甘口から辛口、スパークリングまで幅広く造られます。

イタリア

気候に恵まれていることもあり、20 の州すべてでワインが造られています。そのため、各地域の個性が色濃く出た多様性のあるワインが魅力です。数多くの土着品種があり、サンジョベーゼは代表的な黒ブドウ品種です。

スペイン

ブドウ栽培面積世界１位を誇り、バラエティに富んだ個性豊かなワインが魅力のスペイン。スパークリングワイン「カヴァ」や酒精強化ワインの「シェリー」も有名です。リーズナブルながら高品質なワインが多いのも魅力のひとつです。

日本

日本産ブドウを 100%使用し、国内で醸造したワインのみ「日本ワイン」と定義します。「甲州」を栽培している山梨県をはじめ、北海道や山形県など全国でワイン造りが行われており、年々品質が向上して世界から注目されています。

南アフリカ共和国

ワイン産業の中心は西ケープ州の沿岸に集中しており、ブドウ栽培に最適な気候と土壌に恵まれています。世界のワイン産地の中でも特に厳しい環境基準が設けられ、人にも自然にも優しいワイン造りを行っています。

オーストラリア

広大な国土のうち、ブドウ栽培地域は大陸の南東端、南西端の海沿いの地域に集中しています。近年は「ナチュラルワイン」が人気を集めています。

産地の特徴を知れば ワインの味がわかる

ワインの産地は世界中に広がり、世界各国で高品質なワインが造られています。

　ワインは産地によって、味わいが大きく変わります。また、国によって使用するブドウ品種や規制なども異なるため、生産国の特徴を知ることはワインを選ぶひとつの指標となります。例えば、同じカベルネ・ソーヴィニヨンでもフランスは複雑性があり、ややひきしまった印象になる傾向があり、チリは果実味が豊かでまろやかな味わいが特徴です。生産国による味の違いを楽しむとよいでしょう。

LESSON 4

伝統国と新世界の違いを知る

伝統国と新世界

フランス、イタリア、スペイン、ドイツなどの国々を「伝統国」と呼びます。反対に、ワイン造りの歴史が比較的新しいアメリカ合衆国、チリ、オーストラリア、日本などを「新世界」と呼びます。

長い歴史を持つ伝統国と自由度の高い新世界

伝統国はワイン造りの歴史が古く、紀元前まで遡ります。伝統的な生産方法を続けている地域も多く、落ち着いた味わいのものが多い傾向にあります。

一方、新世界（ニューワールド）は比較的歴史が浅く、伝統に縛られることのない自由なスタイルでワインを造っています。伝統国と比較して規制も厳しくないため、より自由なスタイルのワイン造りに取り組む生産者も多く存在します。

伝統国と新世界の違い

・紀元前からワイン造りが行われていた
　→ **伝統国**

・大航海時代以降にワイン造りが行われるようになった
　→ **新世界（ニューワールド）**

伝統国と比べて新世界は自由度が高い

伝統国と新世界のラベル

伝統国の代表的なラベル
「シャトー・マルゴー」

①ワインの名前（生産者）
②格付け
③生産地
④ヴィンテージ

伝統国のワインには品種の表記がない！？

伝統国はラベルの記載に厳しい規制があり、品種は載せず産地を強調する傾向が見られます。一方、新世界はラベルに関しても伝統国と比べて自由度が高く、品種名を記載しているものが多いのも特徴です。

新世界の代表的なラベル
「コノスル・リースリング ビシクレタ・レゼルヴァ」

①ワインの名前
②品種名
③生産国

コスパのいいワインを選ぶ

価格以上の価値があるワインを選ぶことは、ソムリエとして、重要な仕事のひとつです。まずはワイン選びのポイントをお伝えします。

高いワイン
＝おいしいワイン
とは限りません！

「対策1」

自分好みのワインを出してくれるお店を見つける

Point
セレクトしている人のコツやワザを聞こう！

「対策2」

ワイン雑誌の特集を参考にして買ってみよう

プロの知恵が詰まっている！
特集

「対策3」

高級ワインを造っているワイナリーのリーズナブルなワインを選ぶ

高級ワインを造ることができる生産者があえてリーズナブルなワインに挑戦。おいしくないわけがありません。

本拠地から離れていても技術は同じ！

世界レベルの高級ワインを造ることができる生産者が、価格帯の低いワインを造るときに、妥協するはずがありません。技術の高さは変わりないと言えるでしょう。

有名ワイナリーのセカンドワイン、サードワインに注目

ボルドーの格付けに載っているような有力シャトーが、樹齢の若い樹や、別区画のブドウで造るセカンドワインやその下に位置するサードワインは間違いありません。

ワイン会に持っていくワインの選び方

POINT 1

何を食べるか考える

ワイン会で食べる料理は何か、それを意識して料理のジャンルとワインの産地が重なるよう意識しましょう。

POINT 2

語れるワインにする

思い入れがあるワインを選べばその場でエピソードを語れます。それができれば周囲の方にとっても特別なワインに。

POINT 3

「〜賞受賞」だけで判断しない

「〜賞受賞」のシールが貼られたものだけを頼りに選ぶのではなく、上記のようなポイントも含めて考えるようにしましょう。

ワイン界の繊細さん
ピノ・ノワール

ピノ・ノワールは、フランスのブルゴーニュ地方を代表する赤ワイン用のブドウ品種です。透明感のある味わい、繊細でエレガント、大人気の品種ですが、実は栽培が難しいことでも知られています。

良質なブドウを育てるためには冷涼かつ温和な気候が必要で、病気にもなりやすいことから栽培するのが難しく、限定的な条件の環境でしか栽培されていません。

以前は「非常に繊細なピノ・ノワールはブルゴーニュ地方でしか育たない」とも言われましたが、栽培技術や醸造技術の向上により、他の産地にも広がってきています。それでも味わいに差が出やすく、慎重に土地を選ぶ必要があります。ただ、そうした困難を越えてでも、挑戦したいという造り手は後を絶ちません。

温暖化で
ピノ・ノワールの産地が変わる！

ピノ・ノワールは冷涼な土地を好むため、気温が上がると今まで栽培できていた土地で育てるのが難しくなるおそれがあります。一方で今までピノ・ノワールの栽培が難しかった寒冷地では、温暖化により糖度が高く品質のよいピノ・ノワールの栽培が可能になってきた産地も存在します。

1000円以下のワインなら ラングドックはおすすめ

ラングドック地方は南フランスの地中海沿岸に広がる産地。太陽をたっぷりと浴びて果実味豊かなワインは抜群のコストパフォーマンスで、ある意味フランスのニューワールドと言えるかもしれません。

例えば、1000円台前半のボルドーワインで掘り出し物を見つけるのは難しいですが、ラングドックのワインは1000円以下でも価格以上のクオリティを実感しやすいものが多いと言えます。

高いチリには 掘り出し物多し! 1000円台のチリは◎

低価格帯のワインといえばチリワインを思い浮かべる方も多いでしょう。コンビニなどでは、500～1000円のワインが多く展開されています。そのため、1000円以下のワインを楽に選べます。しかし、ここはあえて200～300円プラスしてみましょう。数百円と金額の差はわずかですが、全体的に風味がよくなったり、余韻が長くなったりと、想像以上に高いクオリティのワインに出会えます。1000円台のチリには掘り出し物も多いのです。

コンビニでのワイン選び

定番ワインもよいですが、珍しいものがあったらトライしてみましょう。たまに、オーストラリアのデ・ボルトリなど、力のあるワイナリーが、コンビニにリーズナブルなワインを出していることがあります。

よいワイナリーを知っていれば、定番ワインではなくても、ラベルを見たときに「このワインはおいしい!」と気づくことができ、あなたのセレクトにも自信がつきます。

近年では、ロス・ヴァスコスやコノスルなど、クオリティが高くコストパフォーマンスのよいワインのラインナップが充実しています。

3000円出すなら失敗したくない！おすすめは南アフリカのワイン

南アフリカのワインは2000～5000円のいわゆる中価格帯がとても強いことが特徴。2000～3000円の同価格帯で比較したときに、赤も白もスパークリングも「これはおいしい！」と思わせてくれるワインが多いです。まだの方は、ぜひ南アフリカのワインにトライしてみてください。

オーストラリアのデ・ボルトリ、チリのインドミタやコノスルはコスパ抜群！

デ・ボルトリはオーストラリアにおいて、コストパフォーマンスの高いワインを多く生産していて味わいが安定しています。チリのインドミタはどれを飲んでもコストパフォーマンスがすばらしいです。

また、コノスルは「1000円以下で最高のワインを目指した」と思えるクオリティ。どの品種も安定感があります。コノスルには1本800円程度のビシクレタ・レゼルバというシリーズものもあるのでブドウ品種の飲み比べをしてみるのもおすすめです。

カルディコーヒーファームで選ぶ！
1000円前後で満足度は抜群！

１０００円ほどで購入できるワイン。この価格帯でどれだけクオリティの高いワインを発見できるかは、昔から常に課題のひとつとしてきました。

ワイン単体のクオリティに関してももちろんですが、この価格帯で必要なのが、一緒に合わせる料理との相性と楽しみ方。ドイツの白ワインと、ドイツの春の食材であるホワイトアスパラガスをペアリングするなど、低価格帯だからこそ、料理とのペアリングがワインの価値を引き上げます。

ポルトガルのロゼワイン ヴィーニョ ヴェルデ フェイティセイラと、生ハムの盛り合わせ・ガーリック＆ハーブ風味のブルサンをペアリング。

※入荷は年１回予定。

ドイツの白ワイン GWF フランケン シルヴァーナー カビネット・トロッケンと、ドイツの春の食材を代表するホワイトアスパラガスをペアリング。パセリを散らすのもおすすめ。

ドイツの赤ワインのクラウス・カイザー ピノ・ノワール。ラズベリーや紅茶、シナモンの香りに、果実味と酸味のバランスもきれいに調和。カルディコーヒーファームで人気のシナモンロールとの相性も抜群。

※店舗により取り扱いは異なります。

1000円台以下のスパークリングなら カヴァやプロセッコがおすすめ

1000円台以下のワインを探すなら、スペインのスパークリングワインであるカヴァがおすすめです。シャンパーニュと同じ伝統製法で造られながら、低価格帯のものに簡単に出会えます。さまざまな種類があり、どれを選んでも満足できる可能性が高いのです。

超人気銘柄に納得 キャンティとソアーヴェは安定感がある

低価格帯のイタリアワインを選ぶならキャンティとソアーヴェがおすすめ。キャンティはトスカーナ州で造られる赤ワイン、ソアーヴェはヴェネト州で造られる白ワインです。どちらもD.O.C.G.のクラッシコが付いていないものは1000円以下で購入できるものもありますが、低価格でも安定感があり、長く愛されているだけあります。キャンティはクラッシコに比べると、酸味が強くタンニンが落ち着いた軽めの味わい。また、ソアーヴェは穏やかでフードフレンドリーなスタイルが魅力。

チリ＆ニュージーランドのソーヴィニヨン・ブランはポイント高し

チリではソーヴィニヨン・ブランの栽培が盛んです。南北に長い国で海との距離も近く、海風がブドウ畑を冷やすため、良質なブドウが育まれています。海の国だけあって、シーフードとの相性もばっちりです。

また、ニュージーランドはソーヴィニヨン・ブランが生産量の多くを占めています。どれを飲んでも、よい意味で価格や生産者の実力の差を感じません。そのため、低価格帯でも安定感があるおいしいワインを楽しめるのです。

成城石井で買うならスパークリングワイン

成城石井にはレストランでも見かけるようなワインがズラッと並んでいます。だからこそ、価格帯も1000〜3000円と幅広く、高い物だと4000〜5000円のものも。レストランのワインリストに載っているようなワインも取り扱っているので、自宅でそのクオリティを体験できます。

また、自社輸入することで徹底した品質管理を行っているのも成城石井の魅力。ワインの価格帯に関わらず、運搬時にはリーファーコンテナを使用し、輸入後もコンピュータ制御で温度・湿度が保たれた定温倉庫で保管しており、日本にいながら現地そのままのおいしさを楽しめます。

そんなクオリティの高い成城石井のワインの中でもとくにおすすめがスパークリングです。1000〜2000円のものも充実していて、シャンパーニュの有名銘柄がレストランの納品価格程度で販売されていることも。また、ハーフボトルの品揃えも豊富で1人飲みにもおすすめです。

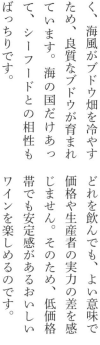

コンビニワインも進化している

もうかつてのラインナップではなく、時代とともにコンビニワインは進化しています。実力派ワインも低価格帯で入手できる時代です。

コンビニワインのラインナップはどんどん充実してきている

コンビニワインについてまず思ったのは、「予想よりはるかに充実したラインナップ」ということ。時代は刻一刻と変化しますが、コンビニワインも例外ではありません。価格は高くても1000円台の前半。500円から1000円のアイテムが充実しています。

ラインナップの中には、低価格帯は難しいとされるピノ・ノワールの赤ワインが1000円程度だったり、ニュージーランドのソーヴィニヨン・ブランがまさかの800円程度で売られていました。さらに、南西フランスのアラン・ブリュモンやチリのコノスル、イタリアのロス・ヴァスコスなど、実力派ワインが複数の店舗で確認できたのです。

もちろん、すべてのコンビニで販売しているわけではありませんが、数々のコンビニを訪問する中で、明らかに充実度が増してきていると感じています。

保存状態を気にしすぎなくても大丈夫

スーパーやコンビニのワインはあなどれない

コンビニワインにはよいものがない、というのは偏見。有名なワインがお手頃価格で楽しめるなど、メリットがたくさんあるのです。

ワインは温度と湿度を一定に保ち、横にしての保管が理想的。そのため、コンビニワインの状態が気になるのも無理はありません。

しかし、コンビニワインは非常に回転率がよく、各1～2本陳列し、売れ行きに合わせて補充されるようです。さらに、冷房で夏も涼しく、ほとんどがスクリューキャップなので横にする必要もありません。この回転率と環境、そして価格から考えても過度に保存状態を気にしすぎる必要はないでしょう。私も実際に購入して気になった経験はありませんでした。

コンビニは少量のボトルが豊富

コンビニでは、レストランなどで提供されることがほとんどない250mlや500mlのボトルも充実しています。そのため、フルボトルだと高くなってしまうワインを手軽に購入できることもあります。

さらに、量は飲めないけれどワインを楽しみたい人に向いていたり、どんな味かわからない状態で購入する人にとってのリスクを最小限にすることにつながっていたりなど、手軽に購入できるサイズのボトルならではのメリットがたくさんあります。

Tanabe's MEMO
ワイン探し　田邉の教え 1

すでにみんなが
注目しているワインより、少しだけ
踏み込んだところに面白い発見がある

僕がみなさんにおすすめするワインを、コンビニエンスストアやカルディコーヒーファームで選ぶとき、**「人がなかなか選ばない」**というワインをあえて選んでみるということを、ひとつ心がけています。

たとえば、大手コンビニエンスストアでよく見かける定番ワインは、リーズナブルでコスパもいいのですが、よく知られているものなだけにそれ以上の感動は少ないとも言えます。

ある日、たくさんのチリワインに混じってオーストラリアのセミヨン種の白ワインを発見しました。オーストラリアのセミヨンのクオリティの高さも知っていましたので、購入したところ大正解でした。もうひとつの考え方として、**コンビニワインとして１０００円を超えるものはすごく安いわけではないからこそ、（コンビニの厳しい審査を潜り抜けた）目新しいワインがあったら、それはもしかしたら掘り出し物かもしれません。**好きなタイプの品種、生産国のワインであれば、とりあえず買ってみるのもひとつの手です。

大人気なものももちろんいいですが、**少しだけ外したセレクトに面白い発見がある**のです。

Tanabe's MEMO

ワイン探し　田邉の教え 2

季節感や今食べたいものを考慮して
今日、飲みたいワインを選ぶ

カルディコーヒーファームや成城石井などでワインを購入するとき、それをずっと保存して熟成させようという方はきっと少ないでしょう。**1000円から2000円のワインは、数日以内に飲むことが多い**と思います。

だからこそ大切なのが、**今の自分の気分**。生ハムやフルーツと一緒にさわやかなワインを飲みたいなら、白のソーヴィニヨン・ブランなどがおすすめ。きのこがたっぷり入ったビーフシチューと合わせたいなら、果実味豊富でなめらかな味わいとコクを持つ赤ワインがいい。

「今日の自分は何が食べたいのか」はワイン選びでとても重要です。

たとえば、今日はどうしても焼き肉が食べたいなら、さわやかな白ではなく、樽熟成した赤ワインがおすすめ。ロースト香やスパイスのニュアンスが、焼き肉とよく合います。

お店でワインを買うなら、**スタッフの方に「この料理と合うワインはどんなものなのか」を聞いてみるのもいい**ですね。

Tanabe's MEMO
ワイン探し　田邉の教え 3

赤ならメルロー、
白ならシャルドネ
初心者こそ〝定番の〟品種を

ワインはブドウだけから造られる飲み物だからこそ、品種による違いは大きい。初心者の方が飲んだときに、「これはおいしいな、当たりだな」と思いやすい品種は確かに存在すると思っています。

まず、**白ワインならシャルドネ。**世界のさまざまな気候帯に適応し、多くの生産者が良質なワインを生み出しています。

赤ワインならメルローを選ぶのもよいでしょう。

たとえばフランスワインでボルドーといえば、カベルネ・ソーヴィニヨンやメルローが有名ですが、初心者の方にとって前者は、渋みがやや強いと感じることもあるかもしれません。

一方で、ブルゴーニュで有名な**ピノ・ノワールは育てるのが難しく、栽培エリアがかなり限られている品種**とも言われていますが、果実味豊富で渋みは穏やか、こちらから始めるのもおすすめです。

Tanabe's MEMO

ワイン探し　田邉の教え 4

ほんの少しの経験や知識が
あなたのワイン選びをより豊かにする

39ページでオーストラリアのセミヨンを選んで正解だったというお話をしました。実は**そうした少しの知識の積み重ねが、おいしいワインを見分けるコツ**とも言えます。

たとえば、以前カルディコーヒーファームでイタリアワインのバローロが３０００円を切る金額で売られていました。カルディコーヒーファームはリーズナブルなワインが多いので、ちょっと高いかなと思われるかもしれませんが、バローロはイタリアワインの王様とも言われているワイン。５０００円以上で売られていることが多く、それが３０００円を切っているなら実はリーズナブルなのです。

こういった**ワインの相場やブドウの品種などにまつわる知識があればワイン選びがもっとラクに**なります。

知識を詰め込めということではなく、「このワイン、おいしいな」と思った**ワインがどこの国のどの地域のもので、ブドウの品種が何かを頭に入れるだけでもいい**のです。それだけであなたのワイン選びがもっと楽しくなるのは間違いありません。

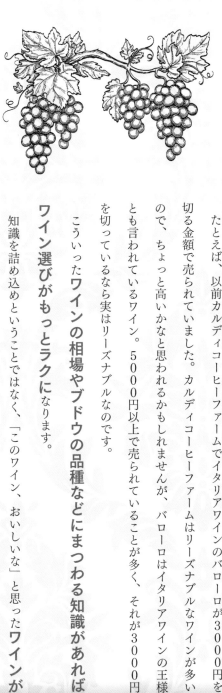

Tanabe's MEMO
ワイン探し　田邉の教え 5

相場の価格を知り
あえてちょっと高いワインにも
トライしてみる

ワインを購入するとき、「少しでも安く、そしておいしいものを」というのは誰でも思うこと。私も思います。

ただ、どうしても相場はあります。たとえば、フランスのブルゴーニュの赤ワインといえばピノ・ノワールですが、これは世界のなかで一、二を争うくらい高価なワインを生産できるブドウ品種です。

もしも**ブルゴーニュのピノ・ノワールが1000円で売っていたら、それは掘り出し物というより、「こんなに安くて大丈夫かな?」**と少し心配になってきます。

一方で、幅広い価格帯、生産国のワインが存在するカベルネ・ソーヴィニヨンやメルローから造られるワインを購入する場合、いつもは1000円台のものを購入されているのであれば、あえて一度2000円台のものにトライしてみるのもおすすめです。もちろん大きな差を感じないということもあるかもしれませんが、新しい世界を知れる可能性も大いに秘めています。

Tanabe's MEMO

ワイン探し　田邉の教え6

自分好みのワインを出してくれる
お店を見つけて
その銘柄を記録する

飲食店で食事をするとき、私はなるべく**そのお店ならではの飲み物をオーダーする**ようにしています。

ペアリングが売りのお店ならワインペアリングを頼みますし、地中海料理のお店なら地中海エリアの土着品種のワイン、アメリカンダイニングならアメリカのワインというように、その店のコンセプトに一番合った飲み物を頼むようにしています。

ソムリエという職業柄、テイスティングする機会も多いですが、飲食店で食事をしているときもすばらしいワインに出会うことがあります。そんなときは、まずはスマホでパチリ。家に帰ってから、インターネットで検索することも。このとき、大切なのが**「どんな料理と合わせ、どんなグラスで飲んだか」も記録する**こと。ワインはシチュエーションが重要で、どう飲むかで印象がまったく変わります。シーンも含めて記録しておきましょう。

そして、何回か通ううちに、自分好みのワインを出してくれるお店だなと思ったら、ワインをセレクトしている方にワイン選びのポイントをうかがってみてください。

もちろん、これは**飲食店だけでなく、ワインショップでも活用できます**よ。

Tanabe's MEMO

ワイン探し　田邉の教え 7

エピソードが話せるような思い入れがあるワインがおいしいワイン

どれだけたくさんの人が「すごくおいしい」「絶対飲むべき」とすすめたワインであったとしても、**あなたが「好みじゃないな」と思ったなら、それはあなたにとってよいセレクトとは言えません。**

国内外問わず、以前旅行してすばらしかった土地のワイン、仕事で関わっている国のワイン、自分が好きなブドウ品種や憧れの生産国、勉強したばかりの国のワインなど、その**ワインのエピソードを話せること。これが非常に大切**だと私は考えています。

ホームパーティーなどに持っていくワインを選ぶときは自分にとって特別なワインを探すといいと思います。個人としての思い入れやエピソードなどフックになる情報があるかどうかを考えてみましょう。

自分の思い入れを語れるワインを選んだほうが、それを**飲む人たちの心も満たされる**のではないでしょうか。

サイゼリヤでワインを楽しむ

ワインラヴァーの間でもひそかに話題になっているのが、ファミリーレストラン「サイゼリヤ」で提供されているワイン。この価格帯とは思えない本格的な味を楽しむことができます。いろいろな料理と合わせて注文しても2000円ほどと、気軽に楽しめるところが魅力！

＼お手並み拝見！／

グラスワインテイスティング

glass wine tasting

フローラルで
チャーミング
赤ワイン

品種は「モンテプルチアーノ」。ベリー系の熟れた香りでフルーティな味わい。

ほのかな
グリーンのニュアンス
白ワイン

品種は「トレッビアーノ」。レモンやライムのようなフレッシュなアロマが特徴。さわやかな味わい。

選べる3つのサイズ

グラス

グラスワインは 120ml で、なんと１杯税込 100 円という低価格。

デカンタ

２杯以上飲みたい人におすすめなのはデカンタ。250m l200 円。

ボトル

複数名で飲む場合におすすめは 1500ml のマグナムで１本1100円。

~田邉流~

ペアリングの楽しみ方

Step1 白ワイン×モッツァレラトマト

チーズの味わいと
ワインの香りの
絶妙なハーモニー

モッツァレラチーズのフレッシュかつミルキーな味わいと、オリーブオイルのテクスチャー。そこにワインの柑橘やハーブのフレーヴァー、フレッシュな酸味と塩味が重なり、風味を広げてくれます。

Step2 白ワイン×柔らか青豆の温サラダ

青豆の甘みのある
グリーンな要素と
白ワインの風味が
見事なマリアージュ！

時間の経過とともに温度が上昇する白ワインに温菜を。青豆の甘味を伴うグリーンな要素、ベーコンには白ワインのしっかりした酸味と風味が合います。全体を卵がまろやかに包み、余韻を長く感じさせてくれます。

※現在はパンチェッタなしで、ペコリーノチーズがかかっています。

Step3 赤ワイン×煉獄のたまご

フランスの
ウフ・アン・ムーレット
×ピノ・ノワールを
イタリア版で再現！

「煉獄のたまご」は濃厚なトマトソースの上に卵がのった一品。穏やかできめ細かいタンニン、しっかりとした酸味を持つ赤ワインのキャラクターにトマトの味わいが見事にマッチします。

※現在は終売しています。

Step4 赤ワイン×柔らかチキンのチーズ焼き

比較的軽やかな
赤ワインの味わいに
チキンの適度な脂質が
ちょうどいい！

軽やかで渋みひかえめなスタイルの赤ワインにチキンをチョイス。結果、チキンの適度な脂質、トマトとチーズが重なった「チキンピザ」とも言えるメニューとすばらしいマリアージュに。

まとめ

グラスワインと料理４品でお腹も満足！
2000円以内と驚異的な安さでペアリングを楽しめる。

サイゼリヤで楽しむ

ボトルワイン

大人数でサイゼリヤに行くときは、
ぜひボトルワインを注文してみましょう。
白ワイン、赤ワインともに銘柄も豊富で、甘みや重さもメニュー表に
わかりやすく記載されていて初心者でも選びやすくなっています。

選んだのはこちらの3銘柄！

デザートにもぴったり

ランブルスコロゼ

ほんのりと甘く、レッドチェリーやシナモンの香りが広がるスパークリングワイン。

トマトっぽい酸味

キャンティ

フレッシュなニュアンスがあり、トマトを使用した前菜やパスタとも相性がよいワインです。

海の幸と好相性

ベルデッキオ

フレッシュでフルーティな白ワイン。若干のハーブ香と海のニュアンスを感じます。

複数名で楽しむなら コスパ抜群です

サイゼリヤでは店舗によって約20種類のフルボトルを用意しており、ワインに力を入れていることがわかります。

今回は、スパークリングワイン、白ワイン、赤ワインを飲み比べました。サイゼリヤの白ワインでおすすめしたいのは「ベルデッキオ」。フルーティで爽やかな酸味は、小エビのサラダなど魚介類と相性抜群です。赤ワインはスタンダードに「キャンティ」をチョイス。トマトベースの料理とのマリアージュが最高です。最後にほんのり甘いロゼを、デザート代わりに楽しみました。

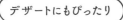

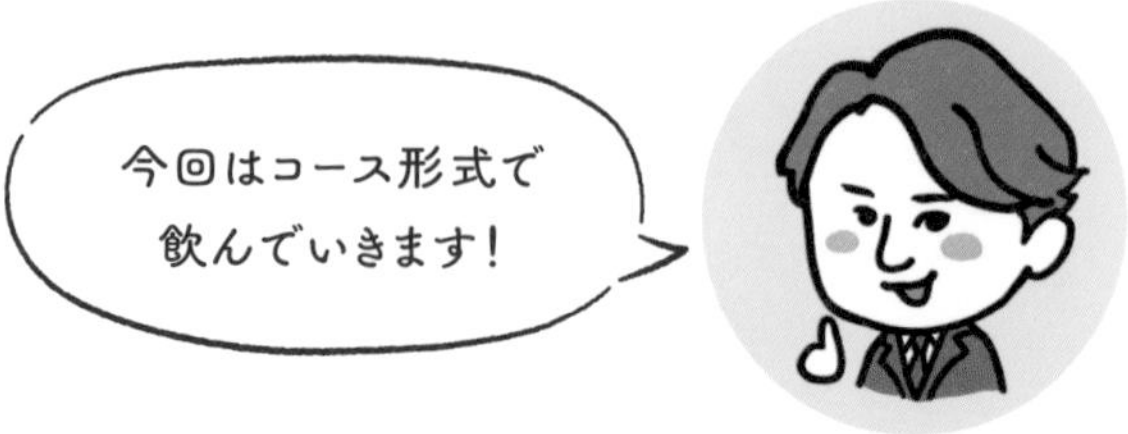

フレッシュ&フルーティ

ベルデッキオ

ミネラル感のある海のワインです。海を想わせる潮の香り、ジューシーな果実味、フレッシュな酸と心地よい塩味が味わえます。

甘 ├──────●─┤ 辛
軽 ├───●─────┤ 重

白ワインは前菜と一緒に

潮の香りを想わせる
小エビのサラダをチョイス
海の幸との相性がよく、フレッシュな「小エビのサラダ」とも相性抜群。

ガーリック風味が合う
おすすめのペアリング
ワインの温度が上がり始めたら、「ムール貝のガーリック焼き」と。ムール貝の風味が広がります。

果実味と酸味のバランスがよい

キャンティ

果実味と酸味のバランスがよく、親しみやすい味わいが世界中で愛されています。

甘 ―――――――●―― 辛
軽 ―――――――●―― 重

パスタとの相性が抜群！

※現在はブロッコリーをグリーンアスパラに変更しています

エビのトマト系パスタと酸味と風味がマッチ

「エビとブロッコリーのオーロラソース」はトマトソースとワインに共通する酸味がマッチ。

ほんのりした甘さがgood

ランブルスコロゼ

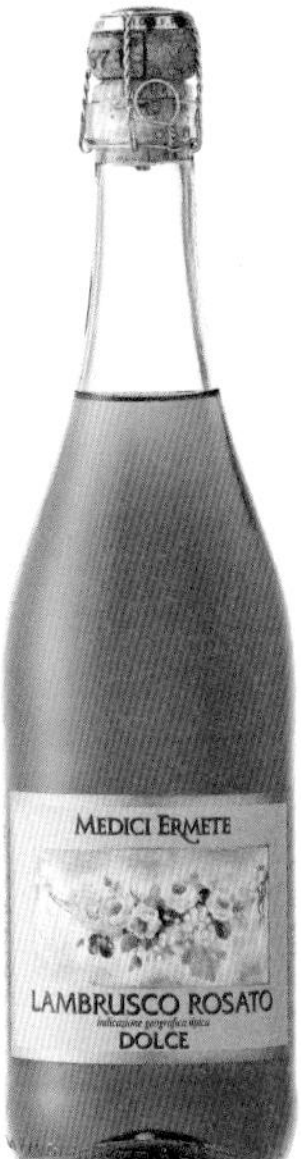

華やかな香りとほのかな甘味が絶妙なバランスを持つロゼ。軽い口当たりは食前酒としても食後のデザートとしても活躍する1本です。

甘 ――●―――――― 辛
軽 ●――――――――― 重

デザートとしていただきたい

ソフトなテクスチャーはフォッカチオとの相性◎

ワインのベリー系のフレーヴァーとシナモンの香りがシナモンフォッカチオとマッチ。

まとめ

ボトルワインでの料理とのペアリングは、
5～6人くらいのグループで
楽しむのにぴったりです。

カルトワインの世界

カリフォルニアのカルトワインの代表格「ハーラン・エステート1999」

伝統国と新世界のワイン造りを融合

ボルドー1級にも劣らないワインをオークヴィルから誕生させることを夢に、ビル・ハーラン氏がスタート。ミシェル・ロラン氏も加わった最高のメンバーで培ったワイン造りは、新世界の科学に基づく醸造テクニックとヨーロッパの伝統・技術を見事に織り交ぜ、偉業を成し遂げました。リリース直後からカルトワインの称号を与えられ、年々希少性が増してきています。

外観

艶と輝き、深みと複雑性のある濃いダークチェリーレッド。エッジにはまだ紫の色調があり、24年もの熟成を経たとは思えない若さも感じられる。粘性はとても豊かでブドウの成熟度の高さ・濃縮感がうかがえる。

香り

第一印象は凝縮した果実香が中心にある。そこにクローヴのような甘苦いスパイス香が立ち上がり複雑性が増す。さらに、血のような鉄分的要素や森の香り、樽由来のニュアンスやロースト香も感じられる。

味わい

アタックは凝縮した果実感が口中に広がり、なめらかで伸びのある酸味と緻密で収斂性を伴うタンニンが溶け込み余韻まで持続する。アフターでは豊潤な果実のフレーヴァーとスパイスなどのニュアンスが広がる。

グラス

大ぶりのボルドー型のグラスに注ぎ、エネルギーを最大限まで引き出したい。基本的に、ボトルからの慎重なサーブで問題はないが、澱が気になる場合はデキャンタージュをするのがおすすめ。

温度

18～23度程度。少量の澱があるかもしれないので、事前に立てた状態で保管し、飲む前にセラーから出して室温に近い温度帯に近づける。最終的に高めの温度で香りと味わいを充分に開かせたい。

料理

脂がしっかりとした牛サーロインがおすすめ。グリルすることで焦がした香ばしいニュアンスを同調させる。ワインの熟成感に合う複数のきのこを添えて。味わいのしっかりしたきのこが望ましい。

PART 2

おうちワインの「格」を上げる方法

リーズナブルなワインでも飲むときの温度や
グラスに気をつかうだけで、
味わいはぐんとよくなります。
そのポイントをお伝えします！

ワインの温度

「赤ワインは常温ですか？」

ワインの本来のおいしさは温度が左右する

「赤ワインは常温で」という言葉は私がソムリエを目指していた時代からよく耳にしました。しかし、実際に常温保存の赤ワインの多くは温度が高すぎて、本当の意味で「おいしい」と感じることはむずかしいものです。

　赤ワインの理想的な飲用温度は14〜20度と言われています。これは私たちが快適に過ごせる温度とされる24度と比べると、随分低いことがわかります。例えば、気温が30度以上の夏の暑い日に、15〜16度がベストだと考えられる赤ワインを室温で保存しておいてそのまま開けて飲んだとしたら、いくら素晴らしい土地で情熱を持って造られ、適切に保管されていたワインだったとしても、その真価を発揮できる可能性は非常に低くなります。温度がワインに与える影響はとても大きいのです。

赤ワインも少し冷やして飲んだほうがおいしい

赤ワインを多少冷やしすぎたとしても、グラスへ注いで飲んでいるうちに温度が上がってくることを考えると、赤ワインも「気持ち冷たく」することを推奨します。

　特に夏場は、赤ワインも通常より冷たくしたほうが快適に飲めるでしょう。暑い日にキンキンに冷えたビールを飲むといつも以上においしいと感じますが、真冬に暖かい室内で同じように冷えたビールを飲んでも夏ほどおいしいとは感じません。このように、室内の温度に関わらず、外気温と体感温度は密接に関係しているのです。

　赤ワインにおいて、温度の違いで味わいに大きく影響を与えるのが「渋み」です。「渋みが強いほど温度は高めに、弱いほど低めに設定する」と覚えておくと、ワインの適温を捉えやすくなります。

赤ワインの飲用温度のシンプルな考え方

渋みが強ければ

強いほど温度は高めに

渋みが少なければ

温度は低めに

カベルネ・ソーヴィニヨン
18 ～ 20 度

ピノ・ノワール
15 ～ 18 度

ワインに氷はあり！

私のおすすめする「冷やしておいしい赤ワイン」をいくつかご紹介します。

まずコンビニでも売られている定番赤ワイン「キャンティ ポッジオ アルザーレ」。冷やして飲むことで、果実感が生き生きとし、酸味がきれいな印象となって価格以上のクオリティになります。

次にコノスルのピノ・ノワール「クール・レッド」。こちらは冷やすことを前提として造られた赤ワインで、見るからに涼やか。氷を入れて楽しむのもおすすめです。それ以外にも赤のスパークリングワイン「ランブルスコ」なども、冷やしておいしい赤ワインです。

「白ワインはどのくらい冷やせばよいですか？」

白ワインの最適な温度は8～10度と、11～14度とで大きく2つに分けられます。

さわやかな酸味を持つ、例えばソーヴィニヨン・ブラン、リースリングなどのフレッシュさが魅力の白ワインは8～10度に冷やすのがよいでしょう。反対に樽熟成したシャルドネ、ヴィオニエなどのあまり酸味が強くなく、まろやかさを感じる白ワインは11～14度がよいとされます。黄金色がかった色味の白ワインがこのタイプに該当しやすいと言えます。

8～10度の白ワインは冷蔵庫で冷やせば問題ありません。11～14度の白ワインは、冷蔵庫から10分～15分ほど早めに出しておきます。11～14度が最適の白ワインは、10度よりも低くすると苦味を感じやすくなってしまいます。白ワインは基本的に冷やして飲みますが、早めに冷蔵庫から出すべき品種があることも覚えておきましょう。

白ワインの飲用温度のシンプルな考え方

酸味が強ければ

強いほど温度は低く

酸味が弱ければ

温度は高めに

ソーヴィニヨン・ブラン
8 ～ 10 度

シャルドネ（樽熟成タイプ）
11 ～ 14 度

ワインのデキャンタ

面倒くさい？　仰々しい？
試せば香りの変化がわかる

デキャンタとは、ワインを入れるガラス容器のこと。移し替えることで、ワインの味わいをまろやかにする、澱を取り除いて口当たりをよくするなどの効果があります。高価でないワインには不要という意見もありますが、デキャンタに移したほうがよりおいしくなる場合もあります。特にカベルネ・ソーヴィニヨンから造られた赤ワインは試してみる価値ありです。

ワインの保存方法

コルクが乾燥すると割れてしまうことも

冷蔵庫で保管でOKただしコルクは注意

ワインセラーで保管するのが一番ですが、ない場合はごく短期間であれば冷蔵庫で保管する方法でも問題ありません。

ただし、コルクのワインは長く保存するととどうしても乾燥してしまい、コルクが収縮することで、酸化が促されてワインの色調が茶色くなったり、フルーツの香りが落ちたりしてしまいます。しばらく飲む予定がなければ、冷暗所で保管するとよいでしょう。

ワインに合わせた

グラスを選ぶ

ワインの味わいは、合わせる料理によってはもちろん、
使用するグラスによっても変化するもの。まずは基本の5種類の形と
特徴をしっかりと覚え、自分が飲むワインには
どんなグラスが合うか考えながら選ぶくせを身に付けましょう。

ボルドー型

口の部分のすぼまりが穏やかで、真っ直ぐになっています。

ブルゴーニュ型

丸みを帯びて、口の部分がすぼまっているのが特徴です。

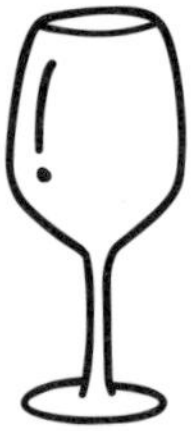

万能型

バランスのとれた形状とサイズで幅広く対応できます。

モンラッシェ型

丸みが強い形で、香りを引き出しやすい形状です。

フルート型

縦に細長く、きめ細かい泡立ちを確認できるのが特徴です。

グラスとワインのマリアージュを楽しむ

長年ソムリエの仕事をしてきて、特に大切にしていることのひとつに、「ワイングラスのセレクト」があります。

ワイングラスには、注がれるワインの香りや味わいをより引き出すため、多くの種類が存在しますが、グラスの形状はそれぞれのワインの持ち味が際立つ作りになっています。

グラスがワインの香りや味わいに与える影響は大きく、ワインと料理にマリアージュが存在するように、ワインとグラスのマリアージュも存在するのです。

ワイングラスの4つの部位にはそれぞれ名称がある

ワインの香りを開かせるため丸みを帯びているボウルや口当たりがなめらかになるよう薄く作られたリムなど、どの部分もワインがよりおいしくなるよう工夫されています。

リム

グラスの飲み口

グラスの縁部分のこと。ワインの味を決める重要な部分で、薄いほど口当たりが柔らかく感じます。

ボウル

お酒を注ぐ本体部分

ワインが注がれる部分。空気に触れると香りが引き出されるようなワインは大きなボウルのグラスを使います。

ステム

持つときに握るグラスの脚

ボウル部分を支える脚のこと。手の温度がワインに伝わらないようにするためにステムを持ってワインを飲みます。

プレート

グラスを支える部分

ワイングラスの土台。装飾が施されていたり、ブランド名が入っている場合もあります。

No.1 綺麗な泡を楽しめる

オープンアップ エフェヴァセント

By Chef&Sommelier

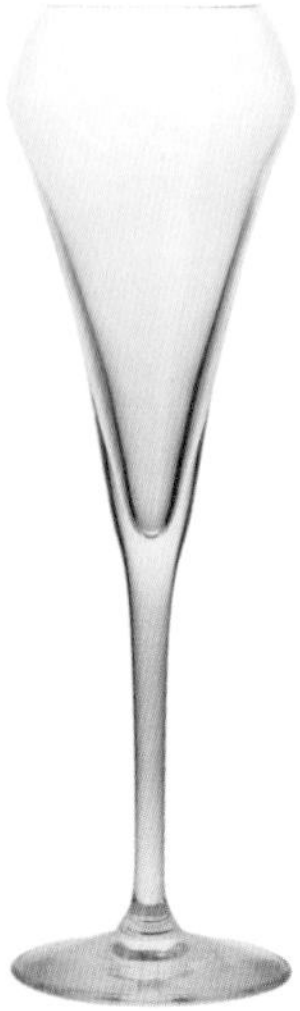

美しい形が
飲み手を魅了

シャンパンやスパークリングワインの香りが開く！

フルート型をしているため、綺麗な泡をしっかりと眺めることができ、また上部に向かうにしたがい、ふくらみのある形状になっているため、香りもしっかりと感じることができます。価格がリーズナブルなところも◎。

※1 オープンアップ エフェヴァセントの輸入元は稲葉です。

飲んだ人だけが
わかる世界観

No.2

液体をそのまま
持ち上げているよう

ルニヴェルセル

By Sydonios

幅広いワインで使える万能タイプ

その美しい形状に加え、ワインを注いだ状態で持ったときの、まるで液体をそのまま持ち上げているような不思議な感覚があります。また、口に流れていくワインのテクスチャーがあまりにも心地よく飲んだ方を魅了します。

No.3

エレガント系
ワインと相性◎

エクストリーム
リースリング

By RIEDEL

ボウルの形が特徴的

さわやか系の白ワインの供出に
長年使っている
定番アイテム

中庸の大きさのボウルに長いステム、ボウルの部分がなめらかにカーブしているのが特徴です。酸味のしっかりとした、フレッシュ、エレガント系のワインと相性抜群です。

No.4

秀逸なバランス

オヴァチュア レッドワイン

By RIEDEL

オヴァチュアシリーズ
はビギナー向け

ビギナー向けラインで
使いやすい

適度なすぼまりは果実味豊かな赤ワインを味わうために最適の造りで、白ワインにも向いています。リーデルのビギナー向けのシリーズなので、初心者でも使いやすいおすすめの万能グラスです。

フォルムが美しく
ワインの個性も
損ないません！

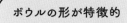

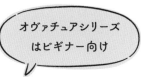

ゆったりと丸みを
帯びたシルエット

No.5

日本の食卓にも
合わせやすいデザイン

ヴィーニャ ブルゴーニュ

By ZWIESEL

シンプルで普遍的なシルエットが
優美さと気品を感じさせる

ヴィーニャはブドウ畑の意味を持ち、多彩で個性豊かなワインに対応できる包容力のあるデザインを目指して作られました。理想的な丸みを持つボウルが優しくワインを湛え、奥底に沈んだ繊細な香りや味わいを引き出します。

ボウルの下部に
ややふくらみがある

No.6

モダンなデザイン

エクストリームカベルネ

By RIEDEL

ボディの厚みは損なわず
渋みをマイルドに

下部にややふくらみがあり、一般的なボルドー型のグラスと比較すると、ややモダンな印象を醸し出しています。大きなボウルが強い渋みを和らげてくれるので、フルボディで渋みが強い赤ワインに向いています。

酸味がしっかりとした赤
ワインに向いている

No.7

大きなボウルで香りが開く

エクストリーム ピノ・ノワール

By RIEDEL

しっかりとした酸味を持つ
タイプに適している

ピノ・ノワールやネッビオーロに適したグラス。ダイヤモンド型のシェイプが、ラズベリーなどの赤い果実の香りを引き立てます。ワインの酸味が際立ちすぎないように、果実味とのバランスを整えてくれます。

基本的には新世界の
ピノ・ノワール用

No.8

ピノ・ノワールの
魅力を引き出す

リーデル・ヴェリタス
ニューワールド ピノ・ノワール

By RIEDEL

香りや味わいが
エレガントに感じられる

従来のリーデル社の「ヴィノム ピノ・ノワール」に約 1cm の垂直に立ち上がる飲み口が付け加えられたことで、香り、味わい、そしてテクスチャーの各要素を、とてもエレガントに感じられるように。赤い果実の香りがする赤ワインに向いています。

カルディコーヒーファームでおうちワインを選ぶ

フード・ワインが非常に充実しているカルディコーヒーファーム。ここでは、初心者にもおすすめのワインの選び方をご紹介します！

1 まずフードコーナーに行ってみる

ワインに合わせて料理をセレクトするのは少し難易度が高いので、先に料理を選びましょう。フードコーナーでいろいろな商品を見ながら食べたい料理を選んでみてください。

2 その料理が食べられている国、エリアのワインを意識して選ぶ

食べたい料理が決まったら、その商品を手に取ってワインコーナーへ。スマホで選んだ料理の発祥地を調べて、料理と同じエリアのワインを選びましょう。

例 海老トマトクリームリゾットとイタリアの「マサレ」

アプリコットやシナモンの香りが広がるオレンジワインに、イタリア発祥のリゾットをペアリング。トマトとパルメザンチーズをトッピングするとさらにおいしくなります。

ワインから合う料理を考えるコツ

メインディッシュ・温度・グラスを意識する

自宅でワインを飲むときは「今日はこのワインを飲もう」なんて場面が多いはず。そこで、ここでは1本のボトルワインをいろいろな料理に合わせるコツをお話しします。

そこで一番大切なのが、メインディッシュです。赤ワインが飲みたいなら牛肉のグリル、白ワインが飲みたいなら鶏肉のクリーム煮と、ワインに合わせたメインディッシュを決めましょう。

メインが決まれば次は前菜。前菜はワインの温度変化を意識しましょう。同じワインでも、温度の変化で表情が大きく変わります。例えば、赤ワインならクーラーで少し冷やしてフレッシュさを出して前菜に合わせ、その後は常温に近づけながら温かい料理にペアリング。温度変化を理解することで、1本のワインでも、さまざまな料理に対応することができます。

また、料理の流れに合わせてグラスを変えるのもひとつの手。ワインのキャラクターの変化をより楽しむことができます。ここまでの内容を意識すれば、さまざまな料理との相性を楽しむことができます。ぜひ一度トライしてみましょう。

プレゼント用ワインを選ぶコツ

プレゼントでワインを贈る際、定番の「生まれ年のワイン」というのは、多くの方に喜んでもらえると思いますが、必ずしもそのヴィンテージのワインが手に入るとは限りません。

もし、あったとしてもそのほとんどがボルドーやブルゴーニュのワインに限定されるため、かなり高額になる恐れもあります。金額を問わないとしても、そもそもバースデーヴィンテージを探し出すこと自体が至難の技です。

大切なのは、相手のことをしっかり考えて、ワインと相手の共通点を探すためにリサーチすることです。相手の趣味、興味のあること、好きな食べ物などを調べて、それに合わせてワインを選んでいきます。

一生懸命に選んだワインは贈る相手のことを第一に考えて選んだものなので、相手に喜んでもらえること間違いなしです。

1 まずリサーチする

まずは相手のことをしっかり理解することが何より大切です。旅行好きだったら、その方が好きな国や最近訪問した国をリサーチし、その地方のワインを、音楽が好きな人なら音楽にちなんだラベルが施されたワインを……などと、相手のことをよく理解したうえで、趣向に合わせて選びます。

2 予算を決める

例えば、有名で高価なワインは喜ばれる可能性が高いとは思いますが、その価値がきちんと伝わる場合とそうではない場合があります。相手の方のワインの知識、経験値に合わせて、値段の高い安いのみでなく本当においしいと思ってもらえるものを熟考しましょう。そのうえで予算を決めるようにします。

3 料理との相性を考える

相手の好みの料理がわかったら、その料理のジャンルに合ったワインをセレクトするのもひとつです。例えば、焼肉が好きなら日本のメルローを、パスタやピザが好きならイタリアのワイン、ハンバーガーが好きならカリフォルニアワインなどとあまり神経質にならず、イメージで選び「料理と合わせて楽しんでくださいね」と伝えて贈るのもよいと思います。

4 贈る相手とどこか共通点のあるワインを選ぶ

1と重複する点もありますが、贈るワインと相手との共通点を探す、それがプレゼント選びにおいてとても大切です。共通点はバースデーヴィンテージかもしれませんし、好きな国や料理、職業や趣味に関連することなど、どんなことでもかまいません。

『贈る相手に似ているワイン』を選べば、相手は「自分のことを考えて選んでくれたんだ」と思います。これが喜んでもらえるプレゼントになる一番のポイントです。

あの方には このワインがおすすめ

海が 好きな方へ

スペインのアルバリーニョ、ギリシャ・サントリーニ島のアシルティコの白ワインなど海のテロワールを感じるワインが◎。

語学の勉強を 頑張っている方へ

相手が勉強している語学の国のワインをプレゼントしましょう。モチベーションがアップすること間違いなし。

登山、ハイキングが 趣味の方へ

スイスやフランスのジュラ地方、アルゼンチンのワインなど、山のエリアのワインがおすすめです。

音楽が 好きな方へ

「シャトー・クーリー シンフォニー」というレバノンの赤ワインはラベルに弦楽器が描かれており、音楽好きにぴったり。

ワイン好きだけど たくさんは飲めない方へ

「マイアムワイン」*のワインギフトは、とてもおすすめです。100ml の美しいガラス瓶にグラス 1 杯分のハイクオリティなワインがボトリングされ、見た目の美しさも含めて贈り物にぴったり。ワインは好きだけどあまり量が飲めないという人にもおすすめです。

「人生を豊かにするグラス 1 杯のワイン」という想いから 100ml と少量をボトリング。

デザートが 好きな方へ

モンブランにアイスワイン、リンゴのタルトにロワールの貴腐ワイン、マスカットにアスティ・スプマンテなど、デザートとワインのマリアージュを体験してもらうという意味で、ワインとデザートをセットでプレゼントするのはおすすめです。ちなみにバレンタインで、チョコレートと南仏ルーション地方の甘口ワイン「バニュルス」を贈ると、「センスがある」と思われること間違いなしです。

* MAIAM WINES：www.maiamwines.com

このワイン、高いかなと思う前に
「1杯いくらになるか」
を考えてみて

ワインは 1 本で 750ml
1 杯あたり 120ml なら約 6 杯分
3000 円のワインなら 1 杯 500 円

↓

レストランなどで飲むとしたら

↓

仕入れ値 3000 円のワインなら
だいたい 3 倍の 9000 円で販売と仮定
➡ 1 杯 1500 円　3倍！

店頭で売られている３０００円台のワインは果たして本当に高いワインなのでしょうか。

ワインボトルの一般的な容量は７５０mlです。グラスワイン１杯あたりは１２０mlと考えると、単純計算で６杯強飲むことができます。つまり、１本３０００円のワインだったら、グラス１杯は約５００円と考えられます。レストランでは、仕入れ価格のだいたい３倍ほどの値段で価格が設定されていると仮定すると、市場で３０００円で取引されているワインが約９０００円。１杯の値段を考えると約１５００円と想定することができます。つまり、「グラス１杯５００円」という価格は決して高いものではないはずです。

もちろん、家で飲むワインとレストランで飲むワインは味わい方に違いがあります。それは出されるワインの温度やグラス、店員のサーヴの仕方、そして料理のおいしさや場の雰囲気などから感じる差です。その差を埋めるためにも、家で飲むときはワイングラスを使ったり、素敵なおつまみを作ったりしてラグジュアリーな空間作りを。

ワインの神秘

険しい環境においても
ブドウは成長し、
無二のワインへと
生まれ変わる

ワインの神秘

ひとつひとつのブドウは
ていねいに扱われる

時間が
ワインを育て
その味わいを
最上にする

ワインの神秘

赤、白、ロゼetc.
ワインの色が
物語る味わいの妙

グラン・ヴァンの世界

ボルドー5大シャトーの筆頭

「シャトー・ラフィット・ロートシルト1995」

思想と歴史が感じられる1本

メドック格付け1級の中でも、筆頭格に挙げられる「シャトー・ラフィット・ロートシルト」。格付けは不変ながら「最高のものを造る」と競い合う信念はまるでF1レースのよう。ルイ15世の寵姫・ポンパドール夫人に愛され、その名は富や歴史、敬意、長寿の代名詞となりました。優雅なスタイルは「思慮深い王子」とも称されます。1995年のボルドーは素晴らしいヴィンテージと言われています。

外観

艶と輝きのあるやや濃いダークチェリーレッド。中心から縁へのグラデーションが美しい。エッジは紫の色調が抜けつつもまだ若々しさがある。豊かでゆっくりとした粘性はブドウの成熟度・凝縮した印象がうかがえる。

香り

第一印象から香りは開いているが、その奥に凝縮した複雑な香りの要素を秘めていることがわかる。凝縮した果実の印象を常に中心に感じながら、その背景にある自然界そのものの香りが複雑性を与えている。

味わい

アタックは凝縮した果実味がありまろやかで、味わいが口中にゆっくりと広がる。緻密で繊細なタンニンとなめらかな酸味が全体を調和し骨格を与え、アフターまで均衡のとれたバランスを支える。余韻は非常に長い。

グラス

セオリー通り大ぶりのボルドー型グラスで。リーデルの「ヴィノム カベルネ・メルロー」は、形状、大きさともにワインによく合っている。「グラン・クリュ」のグラスもよいが熟成年数を考えるとやや大きすぎる。

温度

18～23度程度。早い段階から室温に近づけると熟成由来の香りと味わいのポテンシャルを楽しめる。グラスに注ぐと空気接触と温度上昇が進み、第3アロマが引き出されて複雑性が高まり、まろやかな味わいに。

料理

繊細かつ凝縮した味わいと旨味のある脂質を持つ牛フィレ肉がおすすめ。トリュフを使用したペリゴールスタイルのソースが合う。ワイン自体の完成度が非常に高いので、ワインだけで楽しむのもよい。

PART 3

安くて美味！
絶対間違わない
31本

このワインなら購入して損はない！
そんなリーズナブルかつおいしくて、しかも
見つけやすい、珠玉のワインをご紹介します。

ドメーヌ・フィリップ・ヴァンデル クレマン・デュ・ジュラ ブリュット

Domaine Philippe Vandelle Crémant du Jura Brut

ピュアな果実味と
いきいきとした酸を備えた1本

シャンパーニュ方式で造られた
シャルドネ100%のスパークリングワイン

スイスとの国境に近いジュラ地方の中でも白に特化した産地・レトワールの土壌は小さな星の形をしたウミユリの化石が多く含まれ、ミネラルが非常に豊富です。その土壌でシャルドネを100%使用し、シャンパンと同じ製法で仕込んだ1本です。

リンゴや洋梨、トーストの香りが感じられる。豊かなミネラル感と旨味を感じるシャルドネだけで造られたスパークリングワイン。定番のペアリングとしてはコンテチーズ、和食なら舞茸の天ぷらと合わせたい。

DATA

生産国／フランス　**格付け**／A.O.C. Crement du Jura　**生産者**／ドメーヌ・フィリップ・ヴァンデル　**アルコール度数**／12.0%　**輸入元**／フィラディス

知っておきたい！
この情報

シャンパーニュ方式

収穫、圧搾後、タンクや樽で一次発酵。その後、糖分と酵母を加えて瓶詰めし、瓶内で二次発酵を行う。その後、熟成、澱抜き、澱を抜いた際に目減りした分の補充などを経て出荷する方法。手間と時間がかかるが、複雑性のある香りと味わいに仕上がる。

ゾーニン プロセッコ D.O.C.
スペシャル・キュヴェ ミレジマート

Zonin Prosecco D.O.C Special Cuvee Millesimato

フルーティな味わいと酸味のバランスが◎

世界的な人気を誇る
フルーティなスパークリングワイン

「グレーラ」というブドウ品種から造られており、フルーティでフレッシュな味わいが楽しめるスパークリングワインです。シャンパンの瓶内二次発酵とは異なる、タンク方式という大きなタンク内で短期間で仕込む独自の製法もプロセッコの特徴です。

世界的な大ヒットを続けるイタリアのスパークリングワイン「プロセッコ」。青リンゴ、マスカット、スイカズラの華やかな香り、瑞々しい果実の味わい。乾杯にも最適。カプレーゼやツナサンドと共に。

DATA

生産国／イタリア　**格付け**／プロセッコ D.O.C.　**生産者**／ゾーニン　**アルコール度数**／11.0%　**輸入元**／三国ワイン

知っておきたい！
この情報

プロセッコ

イタリアのスパークリングワイン。2013年にはシャンパンを抜いて世界で最も売れているスパークリングワインになった。現在も世界的な大ヒットを続けているシャンパンは辛口スタイルが基本だが、プロセッコはほんのりと甘味を感じるのが特徴。

アマヤ カヴァ ブリュット レゼルバ

Amaya Cava Brut Reserva

泡が細かくクリーミー
スペインのスパークリングワイン

長期間の熟成が造り出すきめ細かな泡とふくよかな果実味がいつまでも心地よい

スペインの新進気鋭ワイナリー「ラ・クアルタ・ヴィニコラ」。商品名の「アマヤ」はスペインではポピュラーな女性の名前で、「皆に愛されるカヴァにしたい」という想いが込められています。18カ月間もの熟成によるきめ細かい泡立ちと、しっかりしたコクが特長。

世界的な知名度を誇るカヴァの中でも、特にコスパが高い1本。青リンゴや洋梨の香り、ほのかなイースト香も感じるさわやかなスパークリング。生ハムやオリーブ、冷やしトマトをおつまみにして楽しみたい。

DATA

生産国／スペイン　**格付け**／DOカヴァ　**生産者**／ラ・クアルタ・ヴィニコラ　**アルコール度数**／11.5％　**輸入元**／都光

知っておきたい！
この情報

カヴァ

スペインのスパークリングワイン。カヴァはスペイン・カタルーニャ語で「洞窟」を意味し、ワインを熟成させる洞窟（セラー）を由来としている。瓶内二次発酵という伝統的な製法で造られる。比較的温かい気候のため、果実の成熟度が高く、酸味はやや穏やかに仕上がる。

ルミエール スパークリング甲州

Lumière Sparkling Koshu

甲州種が持つ清涼感のある
味わいときめ細やかな泡

英・日本大使館で乾杯用として使用
甲州種にしか出せない風味

大正時代には宮内庁御用達となった由緒正しいワイナリーが甲州ブドウで造った辛口スパークリングワイン。瓶内二次発酵後、20カ月もの間熟成させて仕上げられています。きめの細かい泡立ちと、和柑橘のような清々しい香りが特長です。

柚子のような和柑橘の香り、菩提樹の花のニュアンス、フレッシュな酸味と瑞々しい果実の味わいが口の中で広がる。野菜の天ぷらとの相性は抜群です。

DATA
生産国／日本　**生産者**／ルミエールワイナリー　**アルコール度数**／11.0%

知っておきたい！
この情報

甲州種

長い歴史を持つ日本を代表する固有品種で、山梨県が原産地。生食用もあるが、ほとんどはワイン醸造用に使用されている。日本のワイン用ブドウとして初めて国際的なブドウ酒機構のリストに掲載が認められた。フレッシュな酸味とみずみずしい味わいが特徴。

マルケス・デ リスカル ブランコ・レゼルバ・リムザン

Marqués de Riscal Blanco Reserva Limousin

フレンチオーク樽の心地よい香りが魅力

歴代のスペイン国王や画家ダリも愛した老舗ワイナリーの秀逸なワイン

スペイン・リオハ地方の最古のワイナリーで、創立当初からボルドーワインの製法を導入しました。リオハは、スペイン国内で最初に特選原産地呼称（D.O.Ca.）を取得しています。オーク由来の香りとほのかなフローラルアロマが特徴です。

青リンゴや洋梨、森林の香り、ほのかにアーモンドのニュアンスもある。ドライでさわやかでありながら、コクや旨味を感じる味わい。アスパラベーコン巻きや焼き鳥のねぎ間とよく合う。

DATA

生産国／スペイン　**格付け**／ D.O.Rueda　**生産者**／マルケス・デ・リスカル　**アルコール度数**／ 13.5%　**輸入元**／サッポロビール

知っておきたい！ この情報

リオハ

スペインのワイン法で最上位に格付けされている D.O.Ca. 特選原産地呼称に認定されている屈指のワイン産地。19 世紀後半にフランスを襲った害虫フィロキセラの被害を免れたため、フランスの生産者が移住し、醸造技術が飛躍した。赤ワインが生産量の多くを占める。

ビオンタ アルバリーニョ

Vionta Albariño

海辺の生産地が生んだ
ミネラル感たっぷりの
白ワイン

スペインの海辺の生産地で生まれた
海のワイン。幅広い料理に合う

海辺の生産地らしい、潮風の香りと塩味を楽しめ、シーフードなどととてもよく合います。熟したリンゴや白桃を想わせる香りがあり、口にいれると瑞々しくフレッシュな第一印象。豊かでキレのある酸味に、複雑さや旨味を感じる辛口のワインです。

黄リンゴや洋梨、花の蜜、貝殻や海の香り、味わいはジューシーな果実味とさわやかな酸味、余韻には塩味を伴う。小エビのアヒージョやスモークオイスターと合わせたい。

DATA

生産国／スペイン　**格付け**／ D.O. Rias Baixas　**生産者**／ビオンタ　**アルコール度数**／ 13.0%　**輸入元**／サントリー

知っておきたい！
この情報

海のワイン

イベリア半島北西部を原産とする白ブドウ「アルバリーニョ」から造られるワインをこう呼ぶことがある。産地が海の近くであることや、ミネラル感を強く感じる味わい、魚介類の料理と飲むと大変相性がよいことなどからその呼び名がついた。

GWF フランケン シルヴァーナー カビネット・トロッケン

GWF Silvaner Kabinett Trocken

フランケンの
生産者組合が造る
フレッシュなワイン

すばらしいワインはすばらしいブドウ畑から生まれるという信念で造られたワイン

生産者はフランケン地域のワイン生産者組合。加盟する生産者の数は2400を超え、フランケン全域100カ所に及ぶ畑から最良のブドウが集められ、非常に高品質のワインが生み出されています。芳醇な果実味とフレッシュな酸味が調和し、清涼感あふれる味わい。

青リンゴや柑橘フルーツ、スイカズラを想わせるような香り、さわやかでミネラル感のあるドライな白ワイン。ホワイトアスパラガスや野菜の天ぷらと相性がよい。

DATA

生産国／ドイツ　**格付け**／プレディカーツヴァイン　**生産者**／フランケン生産者協同組合醸造所　**アルコール度数**／12.0%　**輸入元**／オーバーシーズ

知っておきたい！
この情報

カビネットとトロッケン

ドイツワインはブドウの糖度でランクが分類され、「カビネット」はトップカテゴリーの中では最も糖度の低い等級。ドイツでは糖度の格付けが上がるほど高級ワインとされる。一方「トロッケン」はドイツワインの辛口度を示し、残糖度9g/ℓ以下の辛口のワイン。

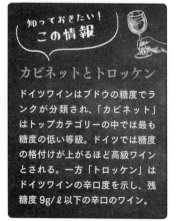

アロ（アルヴァリーニョ＆ロウレイロ）2022

ALLO (Alvarinho & Loureiro) 2022

2品種のいいとこ取りを
したような味わい

アルヴァリーニョのスペシャリストが造るスペシャルワイン

ポルトガルにおけるアルヴァリーニョの歴史を作った造り手「ソアリェイロ」。商品名「ALLO（アロ）」はアルヴァリーニョとロウレイロのアルファベットの最初の2文字に由来し、アルヴァリーニョの果実味と骨格、ロウレイロの華やかさが一体となって味わえます。

ポルトガルの白ワイン産地の中でも屈指の実力を誇る生産者が造る白ワイン。青リンゴや白い花のアロマティックな香り、さわやかでミネラリーな味わい。ツナとフレッシュトマトのサラダと合わせたい。

DATA

生産国／ポルトガル　**格付け**／ヴィーニョ・レジオナル・ミーニョ　**生産者**／ソアリェイロ　**アルコール度数**／11.5%　**輸入元**／木下インターナショナル

知っておきたい！
この情報

ポルトガルワイン

紀元前600年頃からワイン造りをしていたとされる。土着品種が多く、ポルトガル固有の品種は250種類以上も存在する。スパークリングワイン、各種スティルワインに加えて、世界3大酒精強化ワイン、ポートワインとマデイラワインも世界的に有名。

インドミタ デュエット プレミアム シャルドネ

Indomita Duette Premium Chardonnay

樽熟成による複雑で
エレガントな味わい

チリの最高峰の畑とブドウから造られたプレミアムシリーズ

チリの新進気鋭ワイナリー・インドミタが所有する２つの銘醸地の二重奏をイメージして「デュエット」と名付けられました。こちらのワインはカサブランカ・ヴァレー産のシャルドネを使用。黄金色に輝く色調とアプリコットやパイナップルを想わせるアロマが豊かに広がります。

この価格帯でありながら、ハイクラスの樽熟成シャルドネの雰囲気を醸し出す。アプリコットやパイナップル、トースト香、まろやかで果実味豊かな味わい。チキンのグラタンやサーモンのクリームソースパスタと◎。

DATA

生産国／チリ　**生産者**／インドミタ　**アルコール度数**／14.0%　**輸入元**／都光

知っておきたい！
この情報

インドミタ

2001年に設立されたチリのワイナリー。チリで今最も活気ある産地のひとつ「カサブランカ・ヴァレー」とチリの銘醸地として知られる「マイポ・ヴァレー」に500haを超える自社畑を所有しており、数々のコンテストや品評会で高い評価を得ている注目のワイナリー。

ドメーヌ デ グラス レゼルヴァ ソーヴィニヨン・ブラン

Domaine de Gras Reserva Sauvignon Blanc

土地の個性が際立つ
チリのプレミアムワイン

チリの注目のワイナリーが造る華やかさとフレッシュ感を併せ持つ珠玉の１本

ユニークなテロワールに位置する畑を所有するモントグラス社の代表的な１本。ブルゴーニュのグラン・クリュ並みの低収量のソーヴィニヨン・ブランを使って、果汁を酸化させないよう、長めのスキンコンタクト後、プレス。クリーンでエレガントなスタイルが魅力です。

グレープフルーツやレモン、ミントの香り、ジューシーな果実味と生き生きとした酸味、フレッシュ＆フルーティな白ワイン。サーモンのマリネやツナとトマトのサラダと合わせて。

DATA

生産国／チリ　**生産者**／ドメーヌ・デ・グラス　**アルコール度数**／ 12.0%　**輸入元**／ヴァンパッシオン

知ってておきたい！この情報

クール・クライメイト

「クール・クライメイト」とは冷涼な気候を意味している。地球の温暖化によってブドウの栽培に影響が出てワイン産地の分布図が変化していくなか、近年、今までワイン産地ではなかったより冷涼なエリアに注目が集まっている。

クマ オーガニック トロンテス

Cuma Organic Torrontés

豊かな果実味と
フレッシュな酸味

**アルゼンチンのハイコストパフォーマンス
オーガニックワイン**

「クマ」はアルゼンチンの先住民の言葉で「クリーンでピュア」という意味。ブドウ畑があるカファジャテは標高約1700mの高地で、高品質なワイン「しか」造れないと言われるほど理想の栽培地。有機認証「アルゼンサート」認定の有機栽培ブドウを使用しています。

アルゼンチンを代表する白ブドウ品種「トロンテス」で造られる華やかな白ワイン。ライチやマスカット、白いバラの香り、フレッシュでドライ、爽やかな酸味を感じる。パクチーを使った料理にも合う。

DATA

生産国／アルゼンチン　**生産者**／ボデガ・エル・エステコ　**アルコール度数**／13.5%　**輸入元**／スマイル

知っておきたい！
この情報

アルゼンチンワイン

ワインの生産量、ブドウの栽培面積は世界トップクラスを誇る。主な産地はアンデス山脈の麓に広がり、昼夜の寒暖差が大きく、降雨量が少ないため恵まれたテロワールを有している。代表品種は黒ブドウがマルベック、白ブドウがトロンテス。

デ・ボルトリ ディービー ファミリーセレクション セミヨン シャルドネ

De Bortoli DB Family Selection Semillon Chardonnay

風味豊か！
新鮮な果実の味わい

コスパ抜群の
オーストラリアの白ワイン

オーストラリア最大級のワイナリー「デ・ボルトリ社」。厳選されたブドウをフレーヴァーが凝縮された最適な状態で収穫後、優しく圧搾。フレンチオークとアメリカンオークで発酵後、全体の20％にマロラクティック発酵が行われており、コクとクリーミーさが感じられます。

リンゴや洋梨、アカシアやヘーゼルナッツを想わせる香り、さわやかな辛口タイプで、余韻に心地よい旨苦味を感じる。焼き魚やオイルサーディンと相性がよい。

DATA

生産国／オーストラリア　**生産者**／デ・ボルトリ　**アルコール度数**／11.9％　**輸入元**／ファームストン

知っておきたい！
この情報

デ・ボルトリ

オーストラリアを代表する家族経営ワイナリー。3代目のダーレン氏がセミヨン種で造った貴腐ワイン、ノーブルワンが成功し世界的に注目される。“高い価値のある地域の特性をしっかり持ったワイン造り”をモットーに、産地の個性を大切にしている。

シャトー・モン・ペラ ブラン

Château Mont-Pérat Blanc

人気ワイン漫画に登場した
シャトーが手がける白ワイン

著名評論家が「絶対手に入れたい」と評価した万能ワイン

人気漫画『神の雫』に登場し入手困難になるほど大ヒットした赤ワインの「シャトー・モン・ペラ」が手がけた白。醸造コンサルタントに「ミスターメルロ」ミシェル・ロラン氏を迎え、赤と同等のコストパフォーマンスを誇ります。華やかな香りでありながら奥行のある味わいが特徴。

グレープフルーツやラ・フランス、ハーブやナッツの香りも感じる。味わいは果実味のまろやかさとともに、伸びやかな酸味が余韻まで続く。パテ・ド・カンパーニュやハーブソーセージのソテーと合わせたい。

DATA

生産国／フランス　**格付け**／ A.O.C. BORDEAUX　**生産者**／デスパーニュ　**アルコール度数**／ 13.5%　**輸入元**／ヴィントナーズ

知っておきたい！
この情報

神の雫

『モーニング』（講談社）で連載し、大ヒットした亜樹直（原作）、オキモト・シュウ（作画）による漫画作品。主人公神咲雫は世界的なワイン評論家の父親が遺した12本の偉大なワイン『十二使徒』とその頂点に立つ『神の雫』と呼ばれる幻の1本を追い求める。

ラ・フォルジュ・エステイト ヴィオニエ

La Forge Estate Viognier

ヴィオニエらしい
果実味を楽しめる

ラングドックのコスパ抜群白ワイン
ヴィオニエらしい親しみやすい果実味

ラングドック地方で、コスパの高いワインを多数生産している「ドメーヌ・ポール・マス」。ヴィオニエらしい白桃やアプリコットのような果実の風味が味わえます。また、一部はオーク樽発酵しているため、ほのかなヴァニラ香が全体をバランスよくまとめています。

白桃やアプリコット、アカシアの香り、まろやかで豊潤な果実の味わいと優しい酸味が特徴。白身魚のムニエルとよく合う。カレー風味の料理にも相性がよい。

DATA

生産国／フランス　**格付け**／I.G.P. ペイ・ドック　**生産者**／ドメーヌ・ポール・マス　**アルコール度数**／13.5%　**輸入元**／モトックス

知っておきたい！
この情報

ラングドック地方

フランスの南部に位置し、ブルゴーニュやボルドーなどと比べてお手頃な価格のカジュアルワインの産地として知られる。主に栽培されている品種は白ブドウはグルナッシュ・ブラン、ブールブーランなど、黒ブドウはグルナッシュ、シラーなど。

E. ギガル コート・デュ・ローヌ ロゼ

E.Guigal Côtes du Rhône Rosé

ローヌの名手の
上質なロゼワイン

ローヌを代表する生産者が造るロゼ
飲み進むにつれて際立つボトルの美しさ

長年ロゼ造りにこだわってきた、ローヌのトップクラスの生産者「E. ギガル」が造る上質なロゼワイン。南仏らしい豊かな果実味とフレッシュな味わい。2020年よりボトルデザインが一新され、ワインを飲み進むにつれてボトルに美しい曲線が現れます。

ブラッドオレンジやレッドプラム、ほのかなピンクペッパーの香り、ジューシーな果実味を感じるドライなロゼワイン。ベーコン入りトマトソースのパスタやマルゲリータピザにもよく合う。

DATA

生産国／フランス　**生産者**／E. ギガル　**アルコール度数**／14.0%　**輸入元**／ラックコーポレーション

知っておきたい！
この情報

ローヌ地方

南フランスを代表するワイン産地で、ローヌ川流域に広がる産地は日当たりがよく「太陽のワイン」とも呼ばれる。原産地呼称のついたA.O.C. ワインの生産量がボルドーに次いでフランス2位で、人気品種シラーやグルナッシュの有名なワインが多数産出されている。

ブルー・ド・メール ロゼ
ベルナール・マグレ

Bleu de Mer Rose Bernard Magrez

果実味広がる
南仏のロゼワイン

ボルドーワイン界の有力者が手がける
カジュアルライン。愛らしいフレッシュ感

4つの格付けシャトーを所有するボルドーワイン界の重鎮ベルナール・マグレ氏が手がけるロゼは、淡いローズゴールド色に、フレッシュなリンゴやストロベリーの香りが特徴。爽快な酸味を持つミディアムボディ。心地よいミネラル感が余韻に続きます。

南仏の潮風を想わせるさわやかなドライロゼ。ピンクグレープフルーツやレッドチェリー、貝殻の香り、フレッシュでジューシーな果実味と生き生きとした酸味が心地よく広がる。サーモンやホタテのカルパッチョとよく合う。

DATA

生産国／フランス　**格付け**／I.G.P. ペイ・ドック　**生産者**／ベルナール・マグレ　**アルコール度数**／12.5％　**輸入元**／都光

知っておきたい！
この情報

ロゼの色

ロゼは一般的に淡いピンク色をイメージするが、オレンジがかったバラ色やラズベリーレッドに近い色調などもある。色に幅があるのは、ブドウ品種や製法の違いがあるため。果皮と果汁が接している時間が長いほど、色が濃くなりやすい。

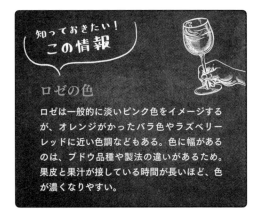

グレネリー ロゼ ド メイ

Glenelly Rosé de May

本国と日本以外では売られていない
希少なロゼワイン

南アフリカ以外では
日本でのみ飲めるレアワイン

グレネリーはボルドーの名門ワイナリーの元オーナーが手がけたワイナリー。このロゼはワイナリー直営レストラン専用商品ですが、日本にのみ輸出されています。レッドチェリーやラズベリーを想わせる香りと、豊かで心地よい酸味が広がります。

レッドチェリーなど、赤い果実のアロマとほのかなスパイスの香りが心地よく広がる。ジューシーな果実感が魅力の辛口ロゼワイン。サーモングリルやチキンのトマト煮込みと合わせたい。

DATA

生産国／南アフリカ　**生産者**／グレネリー　**アルコール度数**／ 13.0%　**輸入元**／マスダ

知っておきたい！
この情報

元ボルドーの名門

グレネリーに目をかけたのはボルドーのポイヤック2級シャトー、ピション・ロングヴィル・コンテス・ド・ラランドの元オーナーのランクザン夫人。夫人は南アフリカを訪問した際、南アフリカにポテンシャルを感じ、2003年からグレネリーに投資を開始した。

ロゼワインをもっと楽しむためのヒント

「ロゼワイン」について、どのようなイメージを持たれているでしょうか。世界的にロゼワインの人気が上昇していく中で、日本におけるロゼワインの評価は赤、白、スパークリングと比べるとまだまだ高くはないように思えます。

　ロゼワインは美しい色調が最大の魅力。色調は、香りと味わいの感じ方に大きく影響を与えます。ロゼの色調は、人を明るくポジティブな気持ちにもさせてくれます。

　また、ロゼワインの味わいのバリエーションは、白ワインや赤ワインと同様に非常に豊富。かつて日本では甘口のロゼワインが主流でしたが、実際は辛口主体のものも多く存在しています。

　日本の料理との相性を考えると、実は唐揚げやとんかつ、天ぷらなどの揚げ物料理とも非常に相性がよいのです。今後、ロゼワインも選択肢に入れてみてはいかがでしょうか。

ロゼワインの色はさまざま　淡いピンク色が多いですが、品種や造り方により濃淡はさまざま。白ワインに近い色合いからオレンジ系のピンクまで幅広いスタイルが存在します。

ストリ・マラニ ルカツィテリ

Stori Marani Rkatsiteli

豊かな香りと味わい
ジョージアの入門ワイン

ジョージアの伝統的な製法で造られた
豊かな風味のオレンジワイン

2014年に設立されたワイナリー「ストリ・マラニ」のオレンジワイン。ジョージアの伝統的な製法であるクヴェヴリを使用し、6カ月の熟成後、上澄みの30%の最高級キュヴェのみを瓶詰めした1本。マイルドでコクと旨味を感じる味わい。

ドライアプリコットやオレンジ、シナモンの香り、心地よい渋みと旨味を感じる。ソーセージのソテー、焼き鳥のもも肉やつくねにもよく合う。

DATA

生産国／ジョージア　**生産者**／ストリ・マラニ　**アルコール度数**／12.5%　**輸入元**／ヴァンクロス

知っておきたい！
この情報

ジョージアのワイン

ジョージアは、メソポタミア文明でもワイン造りの記録が残っており、世界最古のワイン産地のひとつといわれている。ジョージアでは粘土でできた素焼きの壺「クヴェヴリ」を使った伝統的な独自の醸造方法でのワイン造りが現在も行われている。

シャトー・メルシャン 笛吹甲州 グリ・ド・グリ

Château Mercian Fuefuki Koshu Gris de Gris

ワインコンペで
ゴールドメダルに輝く

**「甲州」のエッセンスを詰め込んだ
オレンジワイン**

日本での本格的なワイン造りの先駆者として誕生した「シャトー・メルシャン」。山梨県笛吹地区で収穫した日本固有の品種「甲州」の特長を最大限引き出した１本で、甲州ブドウの果皮や種からの複雑な風味が丹念に表現されたふくよかな味わいのワインです。

みかんや柿、オレンジピールやシナモンの香り、心地よい渋みとコクのある旨味とのバランスが調和したオレンジワイン。豚の角煮や鶏の照り焼きと相性がよい。

DATA

生産国／日本　**生産者**／シャトー・メルシャン　**アルコール度数**／11.0％　**輸入元**／メルシャン

知っておきたい！
この情報

オレンジワイン

白ブドウやグリブドウ（果皮がピンク色のブドウ）を使って赤ワインに近い醸造法で造るワインのこと。鮮やかなオレンジがかった液色になるため、オレンジワインと呼ばれる。ジョージアでは色合いが濃いものも多く、「アンバーワイン」とも呼ばれている。

コート・デュ・ローヌ ビオ ルージュ パラレル45

Côtes du Rhône BIO Rouge Parallèle 45

70年以上愛される
オーガニックワイン

看板ワインをオーガニック農法に切り替え テロワールに根差すワイン造りを行う

グルナッシュやシラーなど、ローヌの代表的な品種をブレンドした赤ワイン。発売から長期にわたり世界中で愛されている看板ワインですが、2016年にオーガニック認証「ECOCERT」を取得したことがきっかけで、この銘柄もオーガニックワインへと切り替えました。

南フランス屈指の生産者が造るコスパ抜群の赤ワイン。ドライフルーツや黒オリーブ、心地よいスパイス香、果実のまろやかさとなめらかな酸味。おすすめ料理は、ラムのグリルにラタトゥイユを添えて。

DATA

生産国／フランス　**格付け**／ACコート・デュ・ローヌ　**生産者**／ポール・ジャブレ・エネ　**アルコール度数**／14.0%　**輸入元**／三国ワイン

知っておきたい！
この情報

ビオワイン

有機農法でブドウを育てた自然派ワインのこと。化学肥料などの農薬を使わず、有機肥料を使う「ビオロジック農法」や、それに天体の動きなどを取り入れた「ビオディナミ農法」もある。ビオワインかどうかは、特に明確な定義がない国も多い。

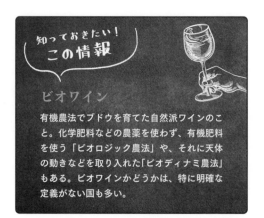

ドメーヌ・アラン・ブリュモン ガスコーニュ ルージュ

Domaine Alain Brumont VDP Gascogne Rouge

タンニンと酸味のバランスに優れた
デイリーワインの決定版

マディランワインの立役者が
造り出すデイリーワインの決定版

マディランの伝統品種「タナ」とメルローで造られており、タナの凝縮感あふれる果実味を引き出すためマセラシオン発酵は長めにとっています。なめらかで丸みのあるタンニンと酸味のバランスが優れており、豊かな味わい。

南西フランス最高峰の生産者が造るハイコスパワイン。カシスやブラックベリー、スパイスの香り、果実の味わい豊かで心地よい渋みもあり、肉料理を引き立てる。ポークグリルやハモンセラーノとの相性◎。

DATA

生産国／フランス　**格付け**／IGP　**生産者**／ドメーヌ・アラン・ブリュモン　**アルコール度数**／12.5%　**輸入元**／三国ワイン

知ってておきたい！
この情報

マディラン

フランス南西地方のワイン産地で古くからあるブドウ栽培地のひとつ。ボルドーの影に隠れ長年正当な評価を受けることができなかったが、アラン・ブリュモン氏がマディラン特有の品種「タナ」を使い高品質なワインを造った功績により、世界的に認められた。

ボジョレー ルージュ レ ペピット シスト

Beaujolais Rouge Les Pépites Schiste

ボジョレーのテロワールのすばらしさを味わえる

同じガメイでも土壌が違うとこんなに変わる！味の違いを楽しもう

同じガメイを使いつつ「シスト」「ピエール・ブルー」「グラヴェット」「グネイス」の異なる土壌で造られた４種のボジョレー。「シスト」は薄く板状に割れる性質を持つ片岩質の土壌で、層状になった亀裂に沿って深くまでブドウが根を張るため、優れたアロマと複雑な味わいに。

ブルゴーニュの黄金の丘の赤ワインを想わせるボジョレーのワイン。ラズベリー、野イチゴ、紅茶やシナモンの香り、自然な果実やスパイスの風味。ソーセージや焼き鳥のタレ焼きとの相性は抜群。

DATA

生産国／フランス　**格付け**／AOP ボジョレー　**生産者**／ヴィニュロン・デ・ピエール・ドレ　**アルコール度数**／12.0%　**輸入元**／都光

知っておきたい！
この情報

ガメイ

ボジョレー・ヌーヴォーに使われるブドウとして有名で、ブルゴーニュやロワールなどで栽培されているが、栽培面積の半分以上はボジョレー地区。タンニンは少なく、イチゴやラズベリーのようなフレッシュな赤い果実の味わいが特徴。

クネ クリアンサ

Cune Crianza

コスパ抜群！
スペイン産生ハムと

**ワインスペクテータートップ100で
スペインワインとして初めて世界1位を
獲得した実力派ワイナリー**

スペインの代表的なワイン産地であるリオハで、1879年から続くワイナリーのスタンダードアイテム。標高が高く寒暖差があり、日当たりのよい畑で育った、樹齢30～40年のブドウを使用。アメリカンオーク樽で12カ月以上熟成後、瓶で12カ月熟成しています。

スペインの伝統的生産者が造るハイコストパフォーマンスな赤ワイン。ブルーベリー、シナモン、ナツメグの香り、果実味豊かでまろやかさを感じる。スペイン産の生ハムとの相性がすばらしい。

DATA

生産国／スペイン　**格付け**／D.O.Ca. リオハ　**生産者**／クネ（C.V.N.E.）　**アルコール度数**／13.5％　**輸入元**／三国ワイン

知っておきたい！
この情報

クリアンサ

スペインワインに用いられる用語で、どのくらい熟成させたかがわかる。クリアンサとついているワインは、赤ワインなら最低24カ月以上（うち樽で6カ月以上熟成）、白ワイン、ロゼワインは最低18カ月以上（うち樽で6カ月以上）熟成させたことを意味する。

オー・ジー・ヴィー オールド・ヴァイン ジンファンデル

OZV Old Vine Zinfandel

凝縮感のあるアロマ
リッチな仕上がり

**ジンファンデルの聖地から生まれる
リッチな味わいの赤ワイン**

生産者はカリフォルニアで5世代にわたり、ジンファンデルの古木を栽培し続けているマッジオ家。植樹されてから平均30年以上経つ古木から採れるジンファンデルが発揮するフルーティな味わいとコク、そして深みが楽しめる1本です。

ブラックチェリーのコンポート、チョコレートやコーヒーを想わせる香り、豊潤な果実の甘味ときめ細かい渋みがバランスよく調和している。デミグラスハンバーグやテリヤキチキンと相性抜群。

DATA

生産国／アメリカ　**生産者**／オー・ジー・ヴィー　**アルコール度数**／14.8%　**輸入元**／WINE TO STYLE

知っておきたい！
この情報

ジンファンデル

カリフォルニア州を代表する赤ワイン用のブドウ品種。19世紀前半のゴールドラッシュのさなかに栽培され始めた。ジンファンデルから造られる「ホワイト・ジンファンデル」というロゼワインはほのかな甘さとフルーティな味わいが魅力。

ロス ヴァスコス カベルネ・ソーヴィニヨン

Los Vascos Cabernet Sauvignon

果実の自然な凝縮感
ボルドーらしい上品な味わい

ボルドースタイルのチリワイン
豊かな果実味の中に美しい酸味

シャトー・ラフィットを擁する「ドメーヌ バロン ド ロートシルト　ラフィット社」がチリに所有するワイナリーで、まさに「ボルドースタイルのチリのカベルネ」が完成。ラフィットのエレガンスとチリのテロワールが融合し、上品でクラシックな味わいの中にチリらしい豊かな果実味が感じられます。

カシスやブルーベリーのコンポート、ミント、シナモンやナツメグの香り。果実の豊かな味わいと緻密で心地よい渋みのバランスがすばらしい。デミグラスハンバーグ、チンジャオロースと合わせたい。

DATA
生産国／チリ　**生産者**／ロス ヴァスコス　**アルコール度数**／ 14.0%　**輸入元**／サントリー

知っておきたい！
この情報

メドック格付け1級

1855年のパリ万国博覧会の際、制定された独自の格付けがメドックの格付け。第1級はシャトー・ラフィット・ロートシルト、シャトー・マルゴー、シャトー・ラトゥール、シャトー・オー・ブリオン、シャトー・ムートン・ロートシルトの5大シャトー。

カッシェロ デル ディアブロ ピノ・ノワール

Casillero del Diablo Pinot Noir

「悪魔の蔵」のエレガントで
繊細なピノ・ノワール

「悪魔の蔵」の名前を持つ
女性的で官能的なワイン
上品で洗練された余韻が楽しめる

あまりのおいしさに盗み飲みをする者が後を絶たなかったため、「この蔵には悪魔が棲んでいる」という噂を流して美酒を守ったという伝説が残る。ピノ・ノワールはエレガントで繊細。豊かな果実味があり、タンニンはソフトでなめらかです。

ラズベリーやブルーベリー、シナモンやナツメグの香り、赤い果実の味わいが豊かで、なめらかな酸味と穏やかな渋みが感じられる。ビーフシチューやミートソースのグラタンと合わせたい。

DATA

生産国／チリ　**生産者**／コンチャ・イ・トロ　**アルコール度数**／ 13.5%　**輸入元**／メルシャン

知っておきたい！この情報

チリのピノ・ノワール

近年、ニューワールドの中の冷涼な産地から生まれる、繊細でエレガントな味わいのピノ・ノワールに注目が集まっている。チリのピノ・ノワールはブルゴーニュのピノ・ノワールと比べてブドウの熟度が高いため、よりフルーティな味わいが楽しめる。

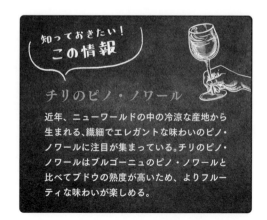

エレメントス マルベック

Elementos Malbec

アルゼンチンの恵まれた
大地で造られる赤ワイン

理想のブドウ栽培地で造られる
肉料理にぴったりのスパイシーなワイン

生産地「カファジャテ」は昼夜の寒暖差が大きく、年間降水量はわずか200mm。その地で造られるワインはテロワールとブドウの個性がストレートに表現されています。心地よいタンニンとブラックチェリーのような果実味が特徴のワインです。

アルゼンチンの代表品種「マルベック」から造られる。ブラックベリーやブラックチェリーのコンポートのような香り、果実味豊かで豊潤な味わい。牛肉と非常に相性がよく、焼肉とのペアリングでも大活躍。

DATA

生産国／アルゼンチン　**生産者**／ボデガ・エル・エステコ　**アルコール度数**／13.5％　**輸入元**／都光

知っておきたい！
この情報

マルベック

フランス南西部原産の赤ワイン用ブドウ品種で、アルゼンチンを代表する品種として知られる。果皮が厚く、「黒ワイン」と呼ばれるほど、濃い色合いの赤ワインを生み出す。凝縮感があって、タンニンがしっかりとした、パワフルなボディを持つワインになる傾向がある。

シレーニ・エステーツ セラー・セレクション・ピノ・ノワール

Sileni Estates Cellar Selection Pinot Noir

果実味豊かでエレガント
デイリーワインにぴったり

料理に寄り添うコストパフォーマンス
抜群のニュージーランドワイン

食事との相性を重視し、ライフスタイルの一部となるワイン造りをモットーとするシレーニ。世界のコンペティションで高い評価を受け、現在日本に輸入されるニュージーランドワインの中で、輸入量ナンバーワン※を誇ります。ピノ・ノワールは醤油を使ったお料理にもよく合います。

※食品産業新聞 2023 年 3 月 23 日号「2022 年輸入銘柄別ランキング」より

イチゴやラズベリー、ゼラニウムやシナモンの香りが華やかに広がる。ジューシーな赤い果実の味わいも魅力。サーモンやマグロなどを使った魚料理にもよく合う。

DATA

生産国／ニュージーランド　**生産者**／シレーニ・エステーツ　**アルコール度数**／ 12.5%　**輸入元**／エノテカ

知ってておきたい！
この情報

シレーニ・エステーツ

酒の神バッカスの従者の名前。「Good wine, good food, good company（おいしいワイン、食事、そして素晴らしい仲間）」をモットーに生活を楽しんだと知られている。シレーニ神のこの言葉をシレーニ・エステーツでもモットーにして、ワイン造りに取り組んでいる。

スターク・コンデ カベルネ・ソーヴィニヨン

Stark Condé Cabernet Sauvignon

南アフリカのトップ生産者の造る
リッチでなめらかな赤ワイン

NYタイムズが認めた南アフリカの天才醸造家
手作業で丁寧なワイン造りがモットー

ほぼ独学でワイン造りを学んだ天才醸造家、ホセ・コンデ氏がたった6樽から始めた小規模なワイナリー。2009年にはNYタイムズで南アフリカ産トップカベルネ10本のうちの1本として認められました。カシスやブラックベリーのようなフレーヴァーが感じられます。

カシスやブラックベリー、クローヴやコーヒーの香り、果実味豊かで心地よい渋みとバランスのとれたなめらかな酸味、スパイスの風味も感じる。ソーセージとベーコン、マッシュルームのソテーに合わせたい。

DATA

生産国／南アフリカ　**生産者**／スターク・コンデ・ワインズ　**アルコール度数**／13.5%　**輸入元**／モトックス

知っておきたい！
この情報

南アフリカのワイン

多民族国家のため、「虹の国」とも呼ばれる南アフリカ。アパルトヘイトが全廃された1990年代からワインの輸出量が増え、世界的に高い評価を得る新世界を代表するワイン大国のひとつに。「ピノタージュ」「シュナン・ブラン」が代表的なブドウ品種。

インドミタ レイトハーベスト

Indomita Late Harvest

ワイン自体が素晴らしい
デザートのような味わい

極度に収穫時期を遅らせて造った甘口ワイン
上品な甘さの中に豊かな酸が溶け込んでいる

チリの新進気鋭のワイナリー「インドミタ」。「レイトハーベスト」は従来の収穫期間を1カ月以上遅らせた完熟ブドウを使用しており、極限まで糖度を上げることで上質なスイートワインを生み出しました。濃厚な甘みと、ハチミツや白桃を想わせるアロマが魅力的。

チリワインの中でも価格に対するクオリティの高さに定評がある「インドミタ」。ゲヴュルツトラミネールとソーヴィニヨン・ブランから生まれた華やかでエレガントな甘口。次のひと口がまた欲しくなる味わい。

DATA
生産国／チリ　**生産者**／ヴィーニャ・インドミタ　**アルコール度数**／ 12.0%　**輸入元**／都光

知ってまきたい！
この情報

レイトハーベスト

収穫時期を遅らせることで糖度の上がったブドウを使って造る甘口ワインのこと。遅摘みのブドウは水分が抜けて、甘味が凝縮されるので、非常に糖度の高いワインができあがる。リンゴや梨のタルトとの相性は抜群。

デ ボルトリ ディーン ボトリティス セミヨン

De Bortoli Deen Botrytis Semillon

リッチな甘さが楽しめる
本格貴腐ワイン

リッチな甘さが魅力
コスパ◎の貴腐ワインの入門ボトル

貴腐ワイン「ノーブル・ワン」のセカンドラベル。発酵後、新鮮な果実の豊かさを加えるためにオークをかけずにそのまま置くものと、部分的にフレンチオークで2年間熟成するものとに分けて造り、貴腐ブドウ由来の複雑味を十分に生かした味わいに仕上がっています。

黄桃やアプリコット、ハチミツの香り、豊かでまろやかな甘味と綺麗に伸びる酸味とのバランスがよく、見事に調和している。洋梨やアプリコットのタルトとよく合う。このワイン自体が素晴らしいデザートとも言える。

DATA
生産国／オーストラリア　**生産者**／デ・ボルトリ　**アルコール度数**／9.5%　**輸入元**／ファームストン

知っておきたい！
この情報

貴腐ワイン

ボトリティス・シネレア菌がブドウの果皮に付着し、糖度が高くなった貴腐ブドウを使った極甘口ワイン。貴腐香と呼ばれるハチミツやドライフルーツのような独特の香りと甘美な甘さを持つ。フランス ボルドー地方のソーテルヌは最も有名な貴腐ワインの産地。

カルトワインの世界

多くのワインラヴァーの心を動かすカルトワインの頂点「スクリーミング・イーグル1998」

世界でもっとも入手困難なワインのひとつ

年間生産数約6000本。プロモーションを一切せず、登録された顧客だけに販売します。取引価格は5大シャトーを凌駕し、世界で最も高値のカベルネ・ソーヴィニヨンと言われています。1992年にロバート・パーカー氏が99点をつけ、カリフォルニアカルトワインの最前線に。ミシェル・ロラン氏をコンサルタントに迎え、若き天才ニック・ギズラソン氏が醸造を担当。究極のエレガントさを持つワイン造りを行っています。

外観

艶と輝きのある濃いダークチェリーレッド。エッジにややオレンジのニュアンスが混じり、全体にグラデーションがあり、複雑性が感じられる。粘性は豊かでブドウの成熟度の高さがうかがえる。

香り

第一印象はしっかりと開いていて複雑性がある。ブルーベリーなどの甘く熟したフルーツのコンポートのニュアンスが感じられ、イチジクのような香りも。スパイス、きのこ、シダの香りがエレガントさを与える。

味わい

アタックはなめらかで繊細なテクスチャー。凝縮した甘い果実感が口中に一気に広がる。なめらかな酸味と緻密なタンニンによる立体感がある。アタックからアフターに複雑で芳醇なフレーヴァーを感じる。

グラス

グラスは大ぶりのボルドー型のグラスを選ぶのがおすすめ。ゆっくりと優雅にデキャンタージュしてもよい。

温度

18～22度程度。澱があるので、事前に立てた状態で保管する。飲む少し前にセラーから出してやや室温に近い温度帯にしておくとよい。

料理

仔羊がよく合うので、グリルにして。付け合わせはきのこやアスパラのソテーをふんだんに盛り付ける。付け合わせのきのことワインのフレーヴァーが同調する。

PART 4

新しいワインの世界を知るためのレッスン

料理とワインの合わせ方や
ブラインドテイスティングの方法など、
ワンランク上のワインの楽しみ方を
お伝えします。

料理とワイン ペアリングの法則

しっかりと構築された理論がベースになっている
ペアリングは、人間が本来持つ感性を存分に刺激する。
一度体験すればたちまち虜に。

「ワインペアリング」という言葉は、日本においてもますますの広がりを見せています。料理とワインの組み合わせは無限に存在し、「絶対的な正解」というのはきっと存在しないのかもしれません。

しかし、料理とワインがうまく相乗したときに感じるなんともいえない幸せな気持ちは、私たちを惹きつけてやみません。

「ワインペアリングは高級レストランの世界だけのもの」と考える人も多いですが、そんなことはまったくありません。ペアリングのちょっとした法則を知るだけで、カジュアルなお店や日常の食卓でも大きく楽しみを広げることができるのです。もちろん、たとえそれが1000円以下のワインだとしても。

法則といっても難しい内容ではなく、誰もが簡単に理解できるものばかり。ぜひ、さまざまな料理とのペアリングにトライしてみてください。

料理とワインのペアリング

7つのPOINT

① 食べる料理の「土地」を意識してワインを選ぶ

② 料理全体を見て「主役」が何かを見極める

③ 料理の「色調」とワインの色調を合わせる

④ ワインの「香り」から料理を決めていく

⑤ 「酸味」の種類を考える

⑥ 「甘味」には甘味で応える

⑦ 「渋み」の多いワインには油脂分の多い素材を

POINT

1 「土地」

食材の発祥地とワインの産地を合わせてみる

まずは、料理や食材の発祥地を調べましょう。普段よく食べる料理でも「ここが発祥なのか！」なんて、新しい発見をすることも多いです。

発祥地を確認したら、次は同じ産地のワインを調べましょう。少し手間がかかってしまいますが、意識するだけで食事の満足度が大きく上がります。食文化という教養を身に付けることにもなりますので、ぜひ実践してみてください。

同じ地方のワインとチーズを合わせる

チーズはテロワールの要素がはっきり出る食材。同郷なら心地よく、違う産地では違和感を覚えてしまうこともある。

POINT

2 料理の「主役」

メインだけでなくソースにも気を配る

ワインを合わせるときは、その料理の「主役」を見極めることが大切。肉や魚が主役の場合、「白身と赤身どちらの魚か」「なんの肉でどこの部位か」まで踏み込んで考えることができればベストです。

しかし、付け合わせやソースに、旬の食材や土地の名物野菜などがある場合、そちらを意識したほうがワインとの相性が高まることも。料理全体をよく見て、どちらに合わせるべきかを考えましょう。

サラダの中のメイン食材と合わせる

サラダの中で最も存在感のあるベーコンの味わいを意識すれば、マリアージュの精度を高めることができる。

POINT 3

「色調」

料理の色とワインの色を合わせるマリアージュ

食材やワインの色は想像以上に味わいに影響を及ぼします。まさに視覚も味覚のひとつ。料理とワインの色調が近いと心地よい印象を与えますが、心理的な部分だけでなく、食材の色素と風味には強い関連性があります。魚か肉かより、白身か赤身かで考えたほうがペアリングの精度が上がるのもそのためです。さらに色調の濃淡も意識して合わせれば、よりレベルの高いマリアージュを目指せます。

ハーブとフレッシュな白を合わせる
鮮やかなグリーンの色調のバジルパスタと、若々しくグリーンがかった淡いレモンイエローのワインをペアリング。

POINT 4

「香り」

ワインの香りから感じ取れる食材と合わせる

ペアリングを考える際に一番のベースになるのは、香りの要素をつなげること。ワインの香りから感じる要素に当てはまる食材を合わせると、ごく自然に風味が重なり合います。例えば、ソーヴィニヨン・ブランから感じるハーブの香りは、テイスティングの際にミントやアニスと表現されることが多く、それらを料理に加えると相性がよくなりやすい。これがまさに同調のマリアージュのベースとなるのです。

仔羊の野性的な香りと合わせる
仔羊の独特で野生的なフレーヴァーとマスタードの香りに、ワインのスパイス香と動物的なニュアンスがマッチ。

POINT 5

「酸味」

酸の種類と量を合わせるとうまくいく

酸味で大切なのは、料理の主な酸がクエン酸・リンゴ酸・乳酸・コハク酸のどの要素を持つかを把握すること。料理と同系統の酸の種類、酸味の量を持つワインを選ぶことで、より相性がよくなり、風味の広がりが増します。レモンを使った料理にはクエン酸的な要素を持つワインを、バターを使った料理には乳酸発酵を行ったワインをというように、基本的なパターンを理解することが大切です。

レモンの酸味にはソーヴィニヨン・ブラン

レモンのクエン酸とソーヴィニヨン・ブランの柑橘フレーヴァーがマッチし、よりすばらしい相性に。

POINT 6

「甘味」

甘味には甘味を合わせて相乗効果を狙う

「甘い料理と甘いワインでは、ものすごく甘ったるくなるのでは？」と思う方もいらっしゃるかもしれませんが、実はそうではありません。同程度の甘さの料理とワインを合わせると、うまく調和して心地よい味わいが広がります。単純に甘味が倍増していくわけではないのです。逆に甘味に対して辛口のワインを合わせると失敗しやすいので、「甘味に対しては同程度の甘味で応える」を意識しましょう。

フルーツの甘味にはほどよい甘さのあるシャンパンを

白桃のフレーヴァーとフルーツ本来の甘味に、ほどよい甘さと清涼感、旨味を持つシャンパンがよく合う。

POINT 7

「渋み」

油脂と渋み(タンニン)が合わさると深みが出る

渋みは脂質と相性がよいのですが、大切なのが食材の脂質とワインの渋みの程度を合わせること。赤ワインの中でも、脂質豊富な牛肉のサーロインステーキに合わせるなら、渋み控えめなピノ・ノワールより、渋みの強いカベルネ・ソーヴィニヨンのほうが相性がよくなりやすい。ピノ・ノワールであれば脂質が溶け込んだ煮込み料理等がよく合います。

鹿肉と赤ワインのマリアージュ

赤スグリを使ったソースを添えた鹿肉と赤ワインを。油脂とタンニンの組み合わせが味に深みをもたらします。

料理とワインを合わせるときに考えたいその他の視点

温度&格&強弱

ペアリングは温度・格・強弱を意識することも大切。例えば、冷たい料理には冷えた白ワイン、温かい料理には高めの温度帯の赤ワインがよく合います。

　また、3万円のワインと数百円の料理では、格が合わず違和感が出てしまいます。料理とワインの格を合わせることは、この違和感をなくすことにつながるのです。

　さらに、ワインや料理には強弱が存在します。例えば、しっかりとした赤ワインと繊細なお造りのように強弱が合わないと、香りと味わいのバランスが崩れて個性を発揮できません。

　これらの視点も活用しながら料理とワインが相乗し合うペアリングを探してみましょう。

14度程度で香りと味わいが花開く白ワインと、ほんのり温かいフカヒレをペアリング。

焼き鳥

〈味つけに合わせてワインを選ぶ〉

塩には白ワイン たれには赤ワイン

まず意識したいのが鶏肉との相性。炭火焼きの焼き鳥にはスモーキーなニュアンスのワインがおすすめです。また、焼き鳥とのペアリングを極限までシンプルに考えると「塩は白ワイン、たれは赤ワイン」となります。部位ごとの味わいとワインのタイプを合わせることも重要です。焼き鳥は生産国を超えた幅広いペアリングが楽しめるのでぜひ挑戦してみてください。

部位別焼き鳥とワイン

せせり、さえずり、砂肝(塩)

シャブリ（品種シャルドネ）やソアヴェ・クラッシコ(品種ガルガネガ)、グリュナー・ヴェルトリナーから造られる白ワイン等、さわやかさと塩味、旨味を合わせ持つタイプを合わせる。

もも、つくね、手羽先(塩)

ピノ・ノワール主体のシャンパーニュ、プイィ・フュイッセ、ヴィオニエやマルサンヌ等のローヌ系の品種から造られる白ワインなど、コクと旨味が感じられるまろやかなタイプを合わせる。

ねぎ間(たれ)

ロワール地方のカベルネ・フランから造られる赤ワインなど、肉と野菜の両方に共通するニュアンスを持つタイプ。塩ならフランス・サンセールやトゥーレーヌのソーヴィニヨン・ブランがおすすめ。

はつ、レバー、ちょうちん(たれ)

北ローヌのシラー主体の赤ワイン（クローズ・エルミタージュ、サンジョセフ）やネッビオーロから造られる赤ワイン（バローロ、バルバレスコ）などスパイシーで野性的なニュアンスを持つタイプ。

焼き鳥とワインのペアリング例

サラダ・さび焼きと白ワイン

コース前半のサラダとさび焼きには、野菜のフレッシュさと繊細な味わいとわさびの風味に合わせてニュージーランドの「OTU ソーヴィニヨン・ブラン」をペアリング。白ワインの酸味とハーブフレーヴァーが好相性。

せせり・ももとオレンジワイン

旨味十分な味わいと脂質に対して、心地よい渋みとスモーキーで土っぽいニュアンスのあるジョージアの「ストリマラニ・ルカツィテリ」を合わせることで、双方の味わいがより深まる。

手羽先と白ワイン

強めに焼き上げて香ばしさと旨味を全開に引き出した手羽先とカリフォルニアの「ケンウッド・シャルドネ」のペアリング。シンプルながら奥深い味わいを楽しめる。

最後に

今回のペアリングではニュージーランド、ジョージア、アメリカと幅広い産地から厳選したワインを提案。本来はこれらにアペリティフとしてシャンパンが加わるため、全部で４カ国です。これほど幅広いバリエーションのアイテムを合わせても、それぞれが焼き鳥にしっかりと相乗し、おいしく楽しむことができます。

たこ焼き
〈コクのあるソースにはまろやかな赤ワインを〉

たこ焼き＋赤ワインの意外なマリアージュ

兵庫県明石市近郊に住んでいたとき、たこ焼きはホームパーティーでも大活躍でした。「すべての料理に対して相性のよい飲み物を考える脳」になっている今、たこ焼きにビールやハイボールではなく赤ワインを合わせるとしたらどれがよいかを考えてみました。今回のペアリングはお好み焼きや焼きそばにも応用できるので、ぜひ今後のワイン選びのヒントにしてみてください。

ボジョレー・ヌーヴォーとたこ焼き

日本でボジョレー・ヌーヴォーが流行る大きな要因として、日本食との相性のよさがあげられます。ヌーヴォーの持つ香りや味わいのニュアンスは、醤油やみりん、だしなどの味としっかり相乗するため、たこ焼きと合わせてもかなり相性がよい。

赤ワインとたこ焼き

今回選んだのはオーストラリアのメルロー。かつお節のヨード香にワインの要素が重なり、ワインが持つわずかなドライハーブ感がたこ焼きの風味を補完。熟した果実の甘さとたれの甘み、まろやかなメルローのテクスチャーがよく合う。

日本ワインとたこ焼き

日本の食べ物であるたこ焼きに合わせるなら、やはり日本ワインは外せない。海に近いエリアの日本ワインは、たこやかつお節のなどにあるヨード香や、たれの甘味や風味がよく合う。同調と補完をしながら風味を持ち上げることができる。

うなぎ

〈産地をヒントにワインの産地を絞る〉

うなぎの産地とワインの産地を合わせる

産地や調理法によって味わいが異なるうなぎですが、それぞれに相性のよいお酒はあります。浜名湖産のうなぎには地元の日本酒がよく合うように、うなぎとワインのペアリングには、うなぎの産地をイメージすることが重要です。うなぎは川や湖などに生息していることを前提として、例えばワイン生産国・フランスで川沿いの産地といえば、ロワール地方が有名です。現地でもうなぎ料理に合うワインとして代表的なのが「シノン」。まずベースとなる考え方として、川沿いのエリアのワインを選ぶことが、うなぎと相性のよいワインを見つけるためのポイントです。

うなぎにはビールはもちろん、ウイスキーハイボールなど相性のよいお酒はたくさんある。

ギリシャの赤ワインとうなぎ

実はギリシャでもよく食べられているという、うなぎ。クシノマヴロの産地であるナウサやアミンデオは内陸部の川沿いに近い地域のため、うなぎとの相性のよさにも納得できる。ナウサのワインからは、熟したベリーの香りと緻密できめ細かいタンニンが感じられる。

白ワインとうなぎの白焼き

クシノマヴロから造られた白ワインという、とても珍しいワインをチョイス。樽熟成されていて、香ばしいフレーヴァーがあり、白焼きと素晴らしい相性だった。白焼きとのペアリングは、川沿いの産地で造られる樽のニュアンスを感じるワインをイメージするとよい。

カレー
〈スパイス感をまろやかさで包み込む〉

まろやかさを感じるワインを合わせて

家庭料理としての印象が強いカレーとワインの組み合わせは、違和感のある方も多いかもしれません。しかし、フランスでは「ソース・キュリー」というカレー風味のソースもあったり、カレーの本場インドでもワインは生産されています。カレーにはスパイス感と辛味が含まれるので、それらを包み込むような甘さやまろやかさを持つワインを合わせましょう。

ロゼスパークリングとシーフードカレー

イタリアのロゼスパークリングワインは、シーフードカレーとの相性が抜群。カレーが持つスパイス感と辛味に対してほどよい甘さとまろやかさがあり、ロゼの持つヨード香がシーフードの風味と見事に相乗する。

チリの赤ワインとビーフカレー

チリワインのルーツにはスペインも関係しており、辛味やライスとの相性も良好。フンボルト海流の冷涼な風の影響を受けるピノ・ノワールとの相性を高めるため、海のニュアンスを表現すべく、ライスにジャコを少量加えた。

マデイラワインとカレー

ポルトガルのマデイラワインとカレーの相性は新たな発見。なかでも「ブアル」は、カレー独特のスパイス感と香味、辛味に対して最も同調性があり、辛味と甘みの度合いもベストマッチ。カレー粉のような香りを持つ「ソトロン」の含有量が多いことによる。

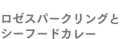

寿司

〈産地を意識すれば赤ワインでも好相性〉

お寿司とワインの温度を合わせて

ビールや日本酒が定番ですが、ワインとのペアリングもとてもおすすめです。ペアリングは料理と飲み物の温度を合わせることが重要。温度は口内の感覚に大きく影響を与えるので、相性を高める上で大切なポイントになるのです。

また、わさびやしょうが、柑橘や醤油等、お寿司自体の味わい以外の要素も意識する必要があります。

柑橘を絞るだけでワインとの相性がよくなる

甲州やソーヴィニヨン・ブラン、ミュスカデ等は柑橘のフレーヴァーを持っているため、お寿司にレモンや柚子をひと絞りすることで同調性を上げることができる。ただし、酢飯の酸もあるためごく少量で十分。果汁の絞りすぎには注意しましょう。

赤ワインなら

赤身やたれを使ったネタに合わせて

オーストラリア・タスマニア島の赤ワインは、海の香りを感じる島のワイン。かなりロゼに近い色調のものも存在する。

白ワインなら

わさびやしょうがとの相性もぴったり

安心院ワインのアルバリーニョ。フレッシュな辛口。日本酒とお寿司のように、日本ワインも合わせやすく間違いない組み合わせ。アルバリーニョは海の幸との相性抜群。

そのワインの全体像を捉えるために
ワインをテイスティングする

テイスティングのセオリー1

外観　色調や濃淡を把握する

ブドウの成熟度合いをチェックする

白い紙などをバックに、グラスを傾けて外観を見ます。色調の濃淡、輝き、粘性の強さ、澄んでいるか深みがあるかなどの要素からブドウの成熟度の高さなどを確認します。赤ワインの場合は、エッジの色を確認して熟成度合いを判断します。スパークリングワインの場合は、泡の細かさや泡がどれくらい継続するかをチェックします。

テイスティングのセオリー2

香り　香りから感じられる共通項を探す

香りの種類や樽のニュアンスなどを確認

まずは静かにグラスを鼻に近づけて第一印象で香りの全体像をつかみます。白ワインであれば、華やかなアロマティックタイプか、穏やかなニュートラルタイプか、樽のニュアンスはあるかを確認します。赤ワインであれば、赤い果実か黒い果実か、樽のニュアンスの強弱を確認します。そしてグラスを回して、香りが変化するかを確認します。

味わい 甘味、酸味、渋みを分けて考える

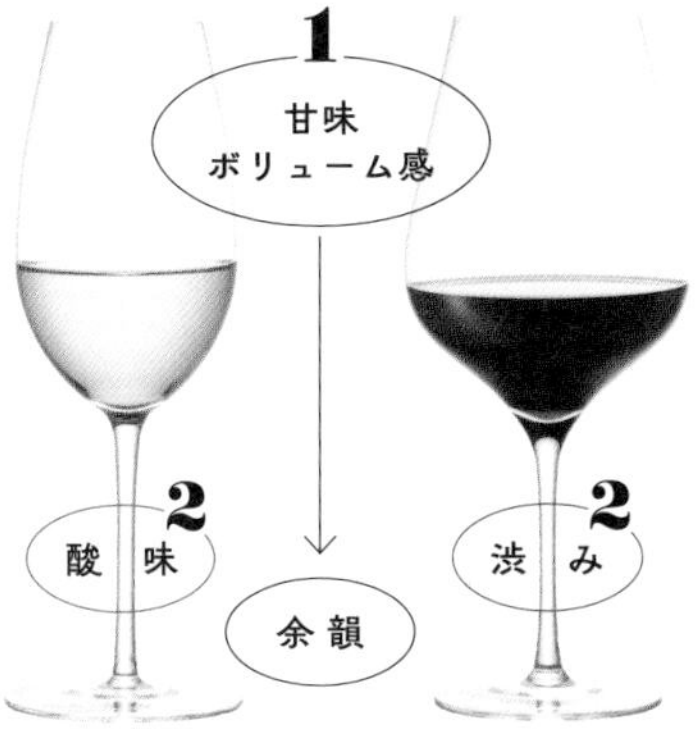

意識するポイントを分けて考える

1口め 甘味とボリューム感

2口め 酸味、赤なら渋み
余韻

余韻もワインの味わいを裏付ける大事な要素

ワインを口に含んだら、口全体に行き渡らせて第一印象のボリューム感と甘味の強さ、その後、酸味がフレッシュかなめらかなのか、アルコール感や味のバランスなどを意識して味わいます。赤ワインであれば渋みの強さ、質感を確認します。最後にワインが口からなくなった後の余韻の長さがどれくらい続くかをしっかりチェックします。

テイスティングで大切なのは、そのワインの全体的な印象を言葉で表現すること

- **シンプルでフレッシュ感を楽しむワイン**
- **成熟度が高く豊かなワイン**
- **濃縮し、力強いワイン**

テイスティングコメントはワインの濃淡、色調などの外観、香りの第一印象や性質、甘味や酸味、渋みなどの味わいを上記のような言葉で表現します。慣れるまでは基本的なテイスティング用語を確認しながら行いましょう。

テイスティングコメントシート

ワイン名			
外観			
香り			
味わい			
主なブドウ品種			
生産国・エリア		収穫年	
相性のよい料理			
飲用温度			
グラス			

テイスティングコメントシート（記入例）

<table>
<tr><td>ワイン名</td><td colspan="3">トゥーレーヌ ソーヴィニヨン・ブラン</td></tr>
<tr><td>外観</td><td colspan="3">澄んだ、輝きのある、
グリーンがかったレモンイエロー</td></tr>
<tr><td>香り</td><td colspan="3">第一印象はやや控えめ
グレープフルーツ、レモン、青リンゴ、
スイカズラ、ミント、ヴェルヴェーヌ、
石灰、貝殻</td></tr>
<tr><td>味わい</td><td colspan="3">やや軽め、ドライ
酸味はさわやか、生き生きとしている
苦みは穏やか、余韻はやや長い</td></tr>
<tr><td>主なブドウ品種</td><td colspan="3">ソーヴィニヨン・ブラン</td></tr>
<tr><td>生産国・エリア</td><td>フランス
ロワール地方</td><td>収穫年</td><td>2021</td></tr>
<tr><td>相性のよい料理</td><td colspan="3">サーモンのマリネ　フレッシュトマト添え
シェーヴルチーズのサラダ</td></tr>
<tr><td>飲用温度</td><td colspan="3">8～10度</td></tr>
<tr><td>グラス</td><td colspan="3">小ぶりのスリムなグラス</td></tr>
</table>

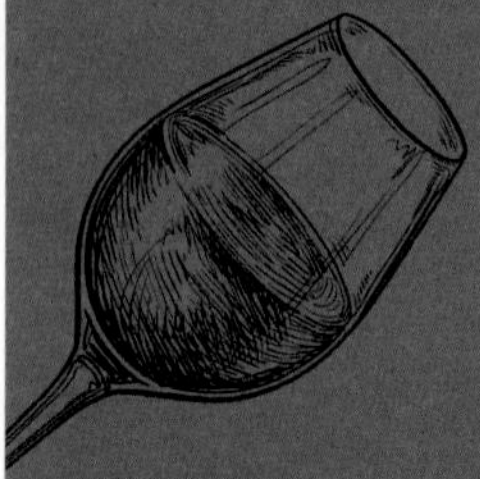

「ブラインドテイスティング」7つのPOINT

ブラインドテイスティングは、ワインの情報を隠した状態でテイスティングを行い、ブドウ品種、産地、収穫年などを推測することです。

POINT 1 点の前に面を考える

〈ワインの全体像を把握〉

ワインのテイスティングでは外観、香り、味わいという3つのプロセスをひとつひとつ順番に確認していくことがセオリーです。その方法自体はもちろん間違っていませんが、おすすめしたいのは「まずはどんなワインなのか、全体像を確認することから始める」ということです。

外観のコメントをする前に、香りをとり、味わってみることでどのようなワインなのかを先に把握するのです。先にそのワインの全体像を理解すれば、より的確なコメントを選びやすくなり、品種の正解率も上がります。

POINT 2

結論を急がず要素をすべて確認する

〈そのワインを語る要素は多いほどよい〉

銘柄がわからない状況で品種、エリアを推測するテイスティングでは、心理的に早く結論を出したくなり、外観の色調や香りなどひとつの理由だけで品種を決め込みがち。しかしひとつの要素だけでなく、外観の色調や濃淡、香りの全体的な特徴と鍵となる香り、味わいでは甘味、酸味、タンニンなど多くの要素を確認したうえで品種とエリアを決定しましょう。結論に至る理由は多ければ多いほどよいのです。

POINT 3

第一印象は大切

〈グラスは回せば回すほど本来の個性から離れる可能性がある〉

香りにおける品種特性は、グラスを回していない状態でも現れます。特に、テイスティンググラスのように小さなグラスの場合、回すことでグラスの中の空間部分に滞留している香りが揮散する、空気接触によって香りが急激に変化するなどが原因で品種特有の香りがとりづらくなってしまう場合もあります。まずはグラスを回さず、グラスの中にある第一印象の香りをしっかりとってみてください。

POINT 4

香りの分類を意識する〈集中して香りをキャッチする〉

いざ香りをとろうと鼻をグラスに近づけると、予想に反して香りがとりにくい。このようなケースは、特に白ワインをテイスティングする際によくあることです。

大切なのは「香りの個性が少なくてもまずはそのまま受け入れる」こと。例えば、ミュスカデから造られるワインは、多くの場合、香りは穏やかに感じられます。反対にトロンテスのようにライチや白いバラのような強い香りを発する品種もあります。このようにアロマをはっきり感じやすい品種（アロマティックタイプ）と、そうではない品種（ニュートラルタイプ）で香りの分類が存在することを意識しましょう。

POINT 5

ブドウ品種を判断するのは最後〈余韻を確認してから判断〉

最後の余韻を確認するまで品種は断定しないことが大事。品種の個性は余韻に現れることが多々あるので、必ず外観、香り、味わい、そして最後の余韻まで全て確認してから品種を決定しましょう。

品種の個性はどこに現れるのか

外観、香り、味わい、3つの工程全てに個性が現れます。フランスのシラーの場合、外観は「エッジに青紫色の色調」、余韻には「酸がきれいに伸びる」など第一印象から余韻に至るまで、品種の個性の確認を。

余韻までしっかり個性を確認したうえで、品種を絞ります。

POINT 6 最初に決めた結論を信じる〈変えない後悔より変えた後悔が大〉

ワインは時間が経てば印象が大きく変わります。グラスを回せば香りは揮発し、温度が上がれば甘味や酸味の印象も大きく変化していきます。そのため、一度決めた結論を最後に変えたくなる心理に陥ります。ここをなんとか我慢し、自分が決死の思いで下した最初の答えをぜひ信じてください。

最後に大事なのは、ブレない気持ちを持ち、自分を信じる力なのです。

POINT 7 100％の正解はない〈コメントには幅がある〉

例えば何人かのプロのテイスターが同じワインをテイスティングしたとしても、コメントが全く同じになるということはほとんどありません。人によって多少感じ方に違いがあるためテイスティングコメントの正解には「幅」が存在します。答えが決まっている筆記試験とは違い、「正解はひとつではない」という考え方を受け入れること。この前提を理解することが、テイスティング力を伸ばす秘訣なのです。

テイスティングの
トレーニングは
スポーツのトレーニングに
似ている

ワインは時間で
印象が変わります

１００万円のワイン VS ５０００円のワイン

一生に一度飲めるかどうかという高級ワイン

毎年話題になっている「芸能人格付けチェック」という番組をご存知でしょうか。「高級食材の食べ比べ」や「プロの作品とアマチュアの作品」などを見極めるクイズに芸能人が挑戦する番組で、中でも人気のクイズが「１００万円超えの高級ワインと1万円以下のワイン」の飲み比べです。

２０２３年1月に放送された番組で出題されたのは、「１９９4年のシャトー・ペトリュス」と５０００円のワインを飲み比べるクイズです。シャトー・ペトリュスはフランスのボルドー地方、ポムロール地区で生まれた赤ワインで、おそらくボルドーで最も高い金額で取引される銘柄です。

実は、幸運なことに１９９４年のシャトー・ペトリュスをテイスティングさせてもらったことがあります。外観の色調はやや濃いめのダークチェリーレッド、色調にグラデーションが見える複雑性のある印象です。香りは第1、第2、第3アロマがバランスよく感じられ、非常に凝縮した果実、ブルーベリー、干しプラムなどのニュアンスもあります。オーク樽由来のスモーキーな香り、ヴァニラ、クローヴ。鉄分的な要素もありながら、枯葉やスー・ボワと言われる森の下生えの香りなどがバランスよく調和し、複雑性が感じられます。味わいはアタックから凝縮した果実味があり、まろやかに広がります。緻密で存在感のあるタンニンと全体を支えるなめらかな酸味が溶け込んで味わいに一体感があります。終始まろやかなテクスチャーで、余韻にも香りに感じた複雑で豊かなアロマが広がり、その風味が長く続いていきます。まだ熟成のポテンシャルも感じますが、テイスティングしたタイミングが飲み頃だと感じました。大きなボルドーグラスでその複雑な香りのポテンシャルを最大限に引き出し、ゆっくりと味わいたい1本です。

2023年1月放送の「芸能人格付けチェック」で出題された「シャトー・ペトリュス 1994 年」。鼻をグラスに近づけた瞬間から、ペトリュスのポテンシャルのすごさを十分に感じることができる複雑性とエネルギーを感じとれます。

高級料理店では 100 万円の値段が付くと言われている「シャトー・ペトリュス 1994 年」の個性に類似している 5000 円の「ボルドー産赤ワイン 2012 年」。これまでの経験から「シャトー・ル・ピュイ・エミリアン」か「プピーユ」のどちらかだと予想しました。

5000 円のボルドーの予想

さて、ボルドーで最も高値で取引きされるワインと互角に渡り合う 5000 円のワインとはどんなワインなのでしょうか。番組上では、「5000 円のボルドー産の 2012 年の赤ワイン」という情報しか公開されませんでしたが、いち視聴者として勝手に銘柄を予想していきたいと思います。

ひとつめは「シャトー・ル・ピュイ・エミリアン」。ボルドー右岸で造られるメルロー主体の赤ワインで、ル・ピュイの畑は 400 年もの間、除草剤や農薬、化学肥料が一切撒かれたことがないまさに自然の大地です。「神の雫」のドラマにも登場したことで話題になりました。

もうひとつは「プピーユ」。ボルドー右岸のサンテミリオンの東隣、コート・ド・カスティヨンで造られ、彗星の如く現れたワインです。ブドウ品種はメルロー 100% でペトリュスとほぼ同じ、価格も約 5000 円。かつて行われた専門家たちによるブラインドテイスティング審査で、シャトー・ペトリュスと最後まで競い合ったという伝説を持つワインです。その観点から見ても有力な候補と言えるでしょう。

この 2 つのワインは綺麗な熟成感が表現されていて、果実の凝縮感があり、熟成がゆっくりと進むペトリュスの約 30 年の熟成期間に対して、10 年でその熟成感にちょうど達している可能性が高いでしょう。あくまでいち個人の予想ですが、興味のある方はこの 2 本をぜひ飲んでみてください。

グラン・ヴァンの世界

5大シャトーを凌ぐ取引価格を誇る「シャトー・ペトリュス1974」

49年間熟成の偉大なるワイン

フランス・ボルドー地方のワインとして5大シャトー同等の知名度を誇り、取引価格は40万円を超え、5大シャトーをはるかに凌ぎます。約11.5haと小さな畑で厳密な管理のもと丁寧に造られ、年間の生産本数も少ないため、なかなか目にする機会はありません。黒粘土が混ざった特殊な土壌で、その絶妙なバランスがペトリュス特有の芳醇で官能的な味わいを生み出します。

外観

艶と輝きのあるやや濃いダークチェリーレッド。エッジはオレンジがかっていて、グラスの中心に向かってやや深い色合いへと変化していく。粘性は豊かでブドウの成熟度の高さとともに複雑性が感じられる。

香り

第一印象からしっかりと開いていて複雑性があり、穏やかさも感じられる。甘く熟したベリー系のフルーツ、トリュフ、枯葉、ナツメグ、リコリスなど多くの香りの要素が存在している。

味わい

アタックはなめらかで繊細。まろやかさがあり、熟した果実とドライフルーツが混ざった独特の味わいが口中にゆっくり広がる。なめらかで優しい酸味、非常にきめ細かく緻密なタンニンが絶妙なバランスを形成する。

グラス

中ぶりのボルドー型のグラスがおすすめ。すでに長期の熟成を経ているので、これ以上の酸化を急激に促すことがないように大きすぎるグラスは使用しないように。スワーリングもやりすぎないよう注意したい。

温度

18～24度程度、人間にとって心地よい温度帯と同温度帯にするのががおすすめ。澱があるので事前に立てた状態で保管し、飲む少し前にセラーから出してやや室温に近い状態にしておくとよい。

料理

肉料理なら赤い色調のものを合わせたいが、脂質が多すぎないものがよい。牛フィレ肉や鴨の胸肉、うずらとも好相性。フォアグラの旨味、トリュフのアロマともよく合う。

問い合わせ先一覧

株式会社稲葉
愛知県名古屋市千種区今池5-9-12
052-741-4702

株式会社ヴァンクロス
東京都渋谷区神宮前6-25-8
神宮前コーポラス203
03-6451-1030

株式会社ヴァンパッシオン
東京都港区芝公園3-1-1 美濃富ビル6 F
03-6402-5505

株式会社ヴィントナーズ
東京都港区虎ノ門3-18-19 UD神谷町ビル5F
03-5405-8368

エノテカ株式会社
東京都港区南麻布5-14-15
0120-81-3634（フリーダイヤル）

株式会社オーバーシーズ
東京都世田谷区代田5-11-10
0120-522-582

木下インターナショナル株式会社
東京都中央区入船2-2-14 U-AXIS6階
03-3553-0721

株式会社キャメル珈琲
（カルディコーヒーファーム）
0120-415-023

キリンホールディングス株式会社
コーポレートコミュニケーション部
東京都中野区中野4-10-2
中野セントラルパークサウス
0120-676-757
（メルシャンお客様相談室・フリーダイヤル）

GLASSBACCA
大阪府大阪市北区天神橋1-12-15
ノースタワービル001/002号室
06-4798-0081

株式会社サイゼリヤ
埼玉県吉川市旭2-5
0120-209-629（カスタマーフリーダイヤル）

サッポロビール株式会社
東京都渋谷区恵比寿4-20-1
（恵比寿ガーデンプレイス内）
0120-207-800（お客様センター）

サントリーお客様センター
東京都港区台場2-3-3
0120-139-380

株式会社スマイル
東京都江東区潮見2-8-10 潮見SIFビル
03-6731-2400

株式会社成城石井
0120-141-565
（受付時間 土・日・祝祭日を除く平日10：00-17：00）

株式会社ツヴィーゼル・ジャパン
東京都港区芝4-4-10
サンライズ長井ビル8F
03-6722-6608

株式会社都光
東京都台東区上野6-16-17
朝日生命上野昭和通ビル1F
03-3833-3541

ファームストン株式会社
東京都大田区大森西5-27-4
03-3761-5354

株式会社フィラディス
神奈川県横浜市西区みなとみらい3-3-3
横浜コネクトスクエア11F
045-222-8871

株式会社マスダ
大阪府大阪市北区錦町4-82
06-6882-1070

三国ワイン株式会社
東京都中央区新川1-17-18
03-5542-3939

株式会社モトックス
大阪府東大阪市小阪本町1-6-20
0120-344-101

株式会社ラックコーポレーション
東京都港区赤坂3-2-12赤坂ノアビル8F
03-3586-7501

リーデル青山本店
東京都港区南青山1-1-1
青山ツインタワー東館1F
03-3404-4456

ルミエールワイナリー
山梨県笛吹市一宮町南野呂624
0553-47-0207

WINE TO STYLE 株式会社
東京都港区麻布十番1-5-30 十番董友ビル2F
03-5413-8831

著者プロフィール

田邉公一（たなべ・こういち）

株式会社WS代表取締役・ワインディレクター。
ソムリエ歴20年、講師歴15年を越える。レストランやワインショップ、スクールを中心に、都内外の複数の企業のワイン、飲料の監修やセミナー講師を務める。また、国内外の様々なワイナリーや酒蔵を巡りながら、SNSや各種メディア、イベント等での情報発信も積極的に行っている。ワインスクール「レコール・デュ・ヴァン」講師。

日本ソムリエ協会認定 ソムリエ
日本ソムリエ協会認定 SAKE DIPLOMA INTERNATIONAL
2007年 第6回 キュヴェ・ルイーズ・ポメリー ソムリエコンテスト 優勝
2019年 第1回 SAKE DIPLOMAコンクール 全国セミファイナリスト

ワインを楽しむ
人気ソムリエが教えるワインセレクト法

2023年12月31日　初版第1刷発行

著　者　田邉公一
発行者　角竹輝紀
発行所　株式会社マイナビ出版
〒101-0003
東京都千代田区一ツ橋2-6-3　一ツ橋ビル2F
TEL 0480-38-6872（注文専用ダイヤル）
TEL 03-3556-2731（販売部）
TEL 03-3556-2735（編集部）
URL https://book.mynavi.jp/

印刷・製本　中央精版印刷株式会社

※定価はカバーに記載してあります。
※落丁本・乱丁本についてのお問い合わせは、TEL0480-38-6872（注文専用ダイヤル）か、電子メールsas@mynavi.jpまでお願いいたします。
※本書について質問等がございましたら、往復はがきまたは返信切手、返信用封筒を同封のうえ、（株）マイナビ出版事業本部編集第2部書籍編集1課までお送りください。
お電話でのご質問は受け付けておりません。

ISBN978-4-8399-8384-0